水果料理百科

風味組合×切削教學×烹飪須知，
step by step 拆解 130 道米其林星級食譜技藝

FRUITS
水果料理百科
風味組合×切削教學×烹飪須知，step by step 拆解 130 道米其林星級食譜技藝

作者	雷吉斯·馬柯（Régis Marcon）
撰文	貝內迪克特·博爾托利（Bénédicte Bortoli）
攝影	菲利普·巴雷特（Philippe Barret）
視覺	娜塔莉·南尼尼（Nathalie Nannini）
翻譯	許少霏
責任編輯	王奕
排版設計	吳侑珊
封面設計	郭家振
行銷企劃	張嘉庭

發行人	何飛鵬
事業群總經理	李淑霞
社長	饒素芬
圖書主編	葉承享

出版	城邦文化事業股份有限公司麥浩斯出版
E-mail	cs@myhomelife.com.tw
地址	115 台北市南港區昆陽街 16 號 7 樓
電話	02-2500-7578

發行	英屬蓋曼群島商家庭傳媒股份有限公司城邦分公司
地址	115 台北市南港區昆陽街 16 號 5 樓
讀者服務專線	0800-020-299（09:30～12:00；13:30～17:00）
讀者服務傳真	02-2517-0999
讀者服務信箱	Email: csc@cite.com.tw
劃撥帳號	1983-3516
劃撥戶名	英屬蓋曼群島商家庭傳媒股份有限公司城邦分公司

香港發行	城邦（香港）出版集團有限公司
地址	香港九龍九龍城土瓜灣道 86 號順聯工業大廈 6 樓 A 室
電話	852-2508-6231
傳真	852-2578-9337

馬新發行	城邦（馬新）出版集團 Cite（M）Sdn. Bhd.
地址	41, Jalan Radin Anum, Bandar Baru Sri Petaling, 57000 Kuala Lumpur, Malaysia.
電話	603-90578822
傳真	603-90576622

總經銷	聯合發行股份有限公司
電話	02-29178022
傳真	02-29156275

製版印刷	凱林彩印股份有限公司
定價	新台幣 1500 元／港幣 500 元

2024 年 10 月初版一刷・Printed In Taiwan
ISBN 978-626-7558-19-5（精裝）
版權所有・翻印必究（缺頁或破損請寄回更換）

國家圖書館出版品預行編目(CIP)資料

水果料理百科：風味組合 × 切削教學 × 烹飪須知, step by step 拆解 130 道米其林星級食譜技藝 / 雷吉斯·馬柯 (Régis Marcon) 作；貝內迪克特·博爾托利 (Bénédicte Bortoli) 撰文；許少霏翻譯. -- 初版. -- 臺北市：城邦文化事業股份有限公司麥浩斯出版：英屬蓋曼群島商家庭傳媒股份有限公司城邦分公司發行, 2024.10
　面；　公分
譯自：Fruits
ISBN 978-626-7558-19-5（精裝）

1.CST: 水果 2.CST: 烹飪 3.CST: 食譜

427.32　　　　　　　　　　　113013997

水果料理百科
FRUITS

風味組合×切削教學×烹飪須知，
step by step 拆解 130 道米其林星級食譜技藝

作者

雷吉斯·馬柯
Régis Marcon

撰文

貝內迪克特·博爾托利
Bénédicte Bortoli

攝影

菲利普·巴雷特
Philippe Barret

視覺

娜塔莉·南尼尼
Nathalie Nannini

翻譯

許少霏

水果頌歌

無論來自野地還是人工栽種，「水果」和我們的生活緊密相連，一年四季綻放出不同滋味，豐富了我們的味覺。

每當看見水果就會浮現許多兒時回憶，例如拿梯子爬樹摘水果、摘梨子、把櫻桃當耳環。等待品嚐每年春天第一批採收的草莓是多麼地令人感到幸福啊！夏天一到就有鮮嫩可口的桃子，還能欣賞轉變為橘色的杏桃，秋天則是無法停止啃食美麗蘋果的季節，緊接而來的冬天開啟了柑橘的世界，我們徜徉在各具風味與色彩的熱帶水果中盡情旅行。

對我而言，聖博內勒弗魯瓦（Saint-Bonnet-le-Froid）的水果代表著童年回憶。當我和同伴們去採野生藍莓的時候，我們會使用一種鄉下常見，被稱為梳耙（peigne）的實用工具。採桑葚和野生覆盆子都是我們溜進森林玩耍的好藉口，更棒的是，這些寶藏般的水果還能順帶讓我們賺點零用錢。

一般普遍認為人們每天最好攝取五至六種水果和蔬菜，這是個好建議，尤其選用當季水果且盡可能地連皮一起吃更佳。

我和我的大兒子雅克（Jacques）花了兩年的時間完成這本書，期盼能夠幫助您深入探索這個世界繽紛美妙的色彩、香氣與風味，也在其中訴說了部分關於我們一起經歷過的故事。

雷吉斯‧馬柯

當季水果

首先請容我們向您說明：這個「季節水果表」指的是一般情況，事實上，大自然並不會精準地依照日期來決定季節；另一方面，全球氣候變遷使得溫度年年增加，導致有些水果會提早收成，即使是同一科別的水果也可能在不同時期成熟。

這個表格可以讓我們了解如何區分貨架上不同季節盛產的水果種類，以及成熟度。當令水果自然地散發出宜人的果香且價格便宜，而各季水果會依據大自然最好的安排為我們提供營養：例如夏季水果水分飽滿，攝取草莓、甜瓜或番茄可以補充水分；冬天日照較短、較少曬太陽時，冬季的柑橘類水果則可為我們補充維他命。

幸運的是，身在在法國的我們每一季都能享用不同的水果，當然要好好利用！除了我們平常習慣挑選的本地當令水果之外，也可以認識一下與法國本土水果產季相反的熱帶水果成熟期。

● 成熟期

○ 未成熟期

	一月	二月	三月	四月	五月	六月	七月	八月	九月	十月	十一月	十二月
杏桃					○	●	●	●	○			
越橘							○	○	●	●		
新鮮杏仁	○	○	○	○	○	●	●	○	○	○	○	○
杏仁	●	●	●	●	●	●	●	○	●	●	●	●
鳳梨	●	●	○	○	○	○	○	○	○	○	○	
秘魯釋迦										●	●	●
酪梨	●	●	●	●	○	○	○	○	○	○	●	
香蕉	●	●	●	●	●	●	●	●	●	●	●	●
楊桃	●											
黑醋栗						●	●	●				
櫻桃						●	●	●	○			
栗子										●	●	●
檸檬	●	●	●	●	●	●	●	●	●	○	●	●
綠檸檬 / 萊姆	●	●	●	●	●	●	●	●	●	○	●	●
榲桲										●	●	○
刺角瓜	○	○	○	○	○	○	○	●	●	●	○	●
薔薇果										●	●	●
無花果								●	●	●		
仙人掌果						●	●					
草莓				○	●	●	●	●	○			
野草莓						●	●	●				
覆盆子						●	●	●	●			
百香果	●	○	○	○	○	○	○	○	○	●	●	●
刺柏										●	●	●
芭樂	○	○	○	○	●	●	●	●	○	○	○	○
石榴	●	●	○							○	●	●
紅醋栗							●	●	●			
鵝莓							●	●	●			
柿子	●	○	○	○	○	○	○	○	○	●	●	●
奇異果	●	●	●	●	○	○	○	○	○	○	●	●
金柑		●	●	●	●							
荔枝	●	○								○	●	●
佛手柑		●	●									
柑橘	●	●	●	○	○	○	○	○	○	○	○	
山竹												
芒果	○	○	○	●	●	●	○	○	○	○	○	○
甜瓜	○	○	○	○	○	●	●	●	●	○	○	○
桑椹、黑莓							●	●	●			
藍莓							●	●	●			
歐楂	●										●	●
核桃	○	○	○	○	○	○	○	○	○	●	●	●
椰子	●	●									●	●
甜橙	●	●	●	●	○	○	○	○	○	○	○	○
葡萄柚 / 柚子	●	●	●	●	○	○	○	○	○	○	○	○
木瓜	○	○	○	○	○	○	○	○	○	○	●	●
西瓜							●	●	●			
桃子					○	●	●	●	●			
燈籠果	●	●								●	●	●
黃色火龍果	●	●	●	○	○	○	○	○	○	●	●	●
西洋梨	●	●	●	●	○	○	○	○	●	●	●	●
蘋果	●	●	●	●	●	○	○	○	○	●	●	●
李子	○					●	●	●	●			
葡萄	○	○	○	○	○	○	○	○	●	●	○	○
接骨木										●	●	●
番茄					●	●	●	●	●	○		

產地水果

除了考量法國的風土氣候之外，以您所在的地理位置選購短程運輸的當地水果是最佳的選擇。在我們這一區，如果您沒有自己的菜園，可以選擇當地農場或相關機構提供的蔬果產地直送服務。

盡可能選擇產地直送的蔬果，原因如下：

- 可以品嚐到完全成熟、無與倫比且味道正宗的新鮮蔬果

- 避免長途運輸，減少對蔬果的損害以及對環境生態的影響

- 發掘當地物產的多樣性

- 活絡當地經濟

- 維護當地傳統農業知識的傳承

- 不購買過度包裝的產品

建議您選擇鄰近的蔬果商或法國本土生產的蔬果，偶爾也為自己挑選一些令人愉悅的熱帶水果。

是否催熟（climactériques）？

就跟所有具有生命的產品一樣，水果也有各自的生長期。當水果達到成熟高峰期，會釋放出一種名為乙烯（éthylène）的天然氣體，我們可以將它定義為「植物衰老賀爾蒙」。

有些水果在收成後會繼續成熟，例如：杏桃、酪梨、香蕉、甜瓜、蘋果、梨子、番茄……如果將許多不同種類的水果放在同一個籃子裡，它們會釋放出揮發性的乙烯分子加速其他水果成熟，這種現象我們稱之為「催熟」。

相反地，有些水果經採收後就不會繼續成熟，例如：柑橘類、紅色水果、葡萄……所以必須避免在它們成熟時採收，因為一旦採收後，這些水果將不會再繼續催熟，而且會腐爛死亡。

為了減緩水果被催熟的速度，您可以將水果放在通風的陰涼處，而不是冰箱，再依據您想要的烹調方式（原味、醃製、燒烤、糖漬、冰淇淋……）和您喜歡的食譜來選擇所需的水果成熟度。

水果的營養價值

每天食用五份蔬果！在今日，這個對人體有益的好觀念與好習慣已廣為大眾所知。水果具有豐富的營養成分，不過在少數情況下應避免過量食用。一般來說，在血糖指數較低的情況下可以食用香蕉或者無花果，因為它們含有豐富的醣類（主要是澱粉）可以快速帶來飽足感；水果乾（或油籽）有時會含有豐富的（良好）脂類，攝取過量將影響我們的體態，所以不能以斤計量地吃！

水果具有豐富的維他命（尤其是維他命 C），尤其是成熟的當季水果，因此應完整攝取。水果中大部分的維他命和礦物質都存於果皮，我們可以在無化學污染的前提下食用。果皮中同時富含 β- 胡蘿蔔素、鉀和豐富的抗氧化物，也有多種多酚（單寧），可預防癌症和不同的新陳代謝疾病。

富含水分的水果多汁，具有補充水分和消暑的功能。水果中的纖維有益於腸道健康，為了有效幫助消化，應選擇完整的水果而非果汁（萃取後的果汁只能保留 5% 的纖維）。水果的另一項優點是它們的構造簡單，很容易消化。

注意：部分水果種類（奇異果、香蕉、鳳梨……）若過量攝取會引發過敏，還有堅果類（杏仁、榛果、核桃、腰果、胡桃、夏威夷果、開心果……）也可能導致過敏，因此產品包裝須標示清楚。

水果的機能價值

對廚師來說，以水果入菜有幾個原因：包括為了食用者的健康選用天然食材、提供維持身體所需的營養、愉悅的味覺體驗、繽紛且豐富的嗅覺享受、擺盤設計帶來的美感，還有它們自身天然的物理化學特性。因此無論是業餘烹飪愛好者或者專業廚師都應妥善利用水果中的天然成分，並了解其中含有的水分、糖分（澱粉、果糖）、脂類、纖維、果膠、單寧等相關知識。

有機的選擇

「有機」指的不僅是耕作，甚至超越農業，因為這個概念一開始是一項全球性活動，選擇購買有幾產品是對社會、經濟、生態和健康的承諾。不過，我們必須承認有機農業未必會帶來最好的品嚐滋味，也並不完全等同於無農藥殘留（但相對於傳統農業十分稀少）。

別忘了，栽種水果是一項複雜的技術，水果也可能在生長過程中遭遇病蟲害、蕈菇類等寄生物的侵襲，因此植物檢疫至關重要，無論是國家或民間的相關法規標章都有助於有機產品品質的把關。

目次

水果
LES FRUITS

水果
LES FRUITS

薔薇科

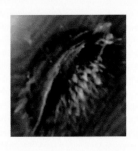

Prunus armeniaca

杏桃

起源

杏桃樹大約從西元前一世紀由絲路傳到近東,林奈(Linné)將這類植物命名為「*armeniaca*」(1753),因為他確信杏桃樹來自亞美尼亞。不過,一世紀後的植物學家約瑟夫·德凱納(Joseph Decaisne)發現,早在西元前兩千年的中國就存在這種植物了。杏桃樹主要種植在法國的朗格多克-魯西永(Languedoc-Roussillon)、德隆普羅旺斯地區(Drôme provençale)和隆-阿爾卑斯區(Rhône-Alpes)。

外型

杏桃是一種帶核水果,呈圓球狀、側邊有條紋。果皮介於黃色和橘紅色之間,具有絨毛。杏桃有一顆果核(杏仁),杏仁含有苦杏仁苷(amygdaline),食用後,消化系統中的酶會將其轉化成氰化氫(氰化物),因此不可以食用。杏桃因為富含 β- 胡蘿蔔素(抗氧化劑),所以果皮呈現橘色。完全成熟的杏桃果肉鮮甜結實且富含纖維和果膠,在眾多品種中,我們可以在六月初品嚐到朗格多克的 Early Blush®,接著有魯西永的 Rouge、普羅旺斯的 Orangé,最後是八月隆河的 Bergeron。L'Orangered® 的色調是銅橘色偏紅,具有獨特香氣、色調和花香。

挑選與存放

不要將杏桃堆疊擺放,即使觸感仍偏硬也要將它們平放,不然容易產生乙炔導致杏桃加速熟成。杏桃若過熟會有較多澱粉,品嚐起來有麵粉的味道。

品嚐

無論是生食或煮、煎、烤、燉、水煮、製成果泥或搭配花蜜,都可以將杏桃的甜味帶入甜點和鹹食(例如沙拉)中。杏桃也常被當作甜點食材,煮過的杏桃香氣更甚;不過要注意,一旦煮過,它的果肉很快就會軟爛。我們也可以將杏桃分成兩半烘乾;當杏桃達到過熟的程度後,我們就可以在市場上買到杏桃果醬了!

杜鵑花科

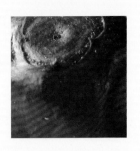

Vaccinium vitis-idaea

越橘

起源

在歐洲，「越橘」通常用來指稱所有越橘屬（*Vaccinium*）這類富含果實的植物。大果越橘（*Vaccinium macrocarpon*）外型比一般越橘還要大，主要生產於北美地區，我們稱之為「蔓越橘」（canneberge）、「蔓越莓」（cranberry）和「大果」（gros atoca）。紅莓苔子（*Vaccinium oxycoccos*）則是我們熟知的小蔓越莓。越橘的命名可追溯至文藝復興時期，當時的植物學家誤將其歸類為葡萄（拉丁文：vitis-idaea，法：vigne du mont Ida，中：伊達山上的葡萄），主要種植在北美和法國海拔五百公尺的西部地區和中央高原。越橘是二十世紀少見的野生植物，在奧弗涅 - 隆 - 阿爾卑斯（Auvergne-Rhône-Alpes）地區我們稱它為「狼珍珠」（perle de loup）。

外型

越橘是一種帶酸味的紅色小漿果，生長在三十公分高的常綠根莖類植物上。每年五月到八月會開滿淡粉色和白色的小花，於秋天結果實。越橘的卡路里跟紅醋栗（les groseilles）一樣低，同時富含黃酮類化合物（flavonoïdes）和多酚（polyphénols），也是很好的抗氧化劑來源。

挑選與存放

盡量選擇外觀鮮紅色且仍帶有綠色梗的越橘，因為完全成熟的越橘品嚐起來粉粉的。我們很難在市場上買到新鮮的越橘，但可以買到罐頭、果乾和冷凍等保存方式的產品。

品嚐

根據美國、加拿大和斯堪地那維亞的傳統，越橘常被拿來做成果汁和配菜，加糖調味後可做成果凍和沾醬，或是將整顆果實和家禽野味一起烤，也可以保存在罐子裡做成泡菜（平衡越橘酸度）。越橘強烈的酸味可以平衡肉類、甜點和果醬的甜味。為了保存越橘中的維他命C，請選擇溫和的烹調方式。

Prunus dulcis

扁桃（杏仁）

起源

扁桃源自於中亞，隨後傳至波斯，於西元前六世紀逐漸散播至小亞細亞和希臘，最後來到地中海沿岸。根據八世紀末到九世紀初的一份清單，其中羅列出皇家公園中所有的植物、樹種和草藥，因此我們可以知道，中世紀前扁桃並未出現在法國。扁桃在羅馬帝國時期被稱為「希臘核桃」，現在主要的種植在地中海沿岸和加州，扁桃樹也被移植到北美和澳洲南部。

外型

扁桃外觀呈橢圓形，外層有三到六公分淡綠色的絨毛殼，是一種帶核水果。當果肉成熟時會變乾，殼裡面有一至兩顆種籽，俗稱為「杏仁」。杏仁被一層棕色外皮覆蓋，裡面呈現象牙色調的種籽是我們唯一能食用的部分。廣義來說，「杏仁」指的是扁桃的果核，最常被拿來品嚐的部分便是甜杏仁。在五十幾種杏仁中，有些種類名稱紀錄了它的起源：Ardéchoise、Caillasse provençale、Dame du Languedoc、Monterrey américaine……我們在 Drôme de Hervé Lauzier 地區的餐廳選擇了蒙特利馬爾（Montélimar）的杏仁。

挑選與存放

搖晃杏仁的時候不會聽到杏仁核撞擊殼的聲音，如果有輕微的撞擊聲表示杏仁太乾，導致香氣較弱，甚至全無。要注意杏仁粉、杏仁片與去殼杏仁的製造日期或使用期限，因為杏仁中的脂質會讓它容易酸敗。帶殼杏仁可以保存在 4 到 10 度間微濕的布巾裡，避免陽光直射，最多可放三到五天；杏仁粉、杏仁片或去殼杏仁可保存在 4 到 12 度的潮濕陰暗處。

品嚐

新鮮的杏仁很好吃，未成熟（綠色）或成熟（乾的）的杏仁都可以食用。無論是將乾杏仁整顆食用、去殼、切片、搗碎、烤過，或做成杏仁醬、杏仁奶油、杏仁油、杏仁奶都是製作許多甜點的重要成分之一。在烹調上，杏仁常與海鮮和肉類搭配，還有像是地中海料理塔吉鍋（les tajines）也會使用杏仁，人們自中世紀時期就開始飲用由壓碎的乾杏仁和水製成的杏仁奶。

鳳梨科

Ananas comosus

鳳梨

起源

「鳳梨」（Ananas）一詞源自於美洲原住民語言圖皮——瓜拉尼語（tupi-guarani）中的「*naná naná*」，意指「香氣之王」。著名航海探險家哥倫布的旅伴米歇爾・達・庫內奧（Michele da Cuneo）在寫給朋友的一封信中，如此描述在瓜地洛普島（Guadeloupe，當時的多明哥 Domingo）島上發現的鳳梨：「一種像菜薊（artichaut）的小灌木，不過比菜薊大四倍；會長出外觀有如松果般的水果，不過又比松果大兩倍。真是一種神奇的水果，看起來完美無缺，但只要用刀子便可以像切蘿蔔一樣將它切開。」

鳳梨在加勒比海地區象徵好客和友情，十六世紀初的巴西已發現鳳梨的存在，隨著葡萄牙和西班牙探險家走訪世界的足跡，鳳梨幾乎傳遍所有熱帶地區。一世紀後，荷蘭人首次在溫室中栽種鳳梨，並將它獻給英格蘭國王查理二世。鳳梨的形狀是像松果又似蘋果，因此被命名為 pineapple。法國國王路易十五時期，曾將來自加勒比地區的鳳梨進行溫室栽種試驗，最終仍因競爭力不比海運進口的鳳梨而放棄。

外型

植物學家認為鳳梨不是水果，而是在穗上短暫開花（只能活一天），由眾多小果實聚合而成的植物。鳳梨作為水果，它的每一顆「果目」都是果實，果心質地硬，果肉香甜多汁。鳳梨汁富含鳳梨蛋白酶，是一種促使食物消化的酵素（就是這種酵素使肉變軟）。鳳梨重量依品種而定，一顆約介於 1 至 2.5 公斤。

挑選與存放

檢查鳳梨是否在運送途中受到撞擊，可能造成果肉腐爛。要相信鼻子聞到的味道，選擇較綠的鳳梨（除了皇后品種的鳳梨要選黃的）才不會過熟。葉子（鳳梨冠）應為鮮綠色而且穩當地附著在水果上，一般來說，空運的鳳梨會在採收後直接運送，而海運的鳳梨會在整體還是綠色時採收，讓鳳梨在海運途中慢慢熟成。

我們整年都可以在法國市場上看到鳳梨，不過冬天是品嚐它最好的季節，其他季節就嚐嚐當地水果吧！鳳梨一旦成熟就要馬上食用，跟大部分熱帶水果一樣，鳳梨比較容易損壞且不耐寒，請保存於 12 至 18 度較潮濕的地方，削皮後切成塊，冷凍過後更好吃。

品嚐

無論是新鮮還是烹煮過的鳳梨，都可以用於製作鹹食和甜點。新鮮鳳梨可以切成條狀，大夥一起享用它的鮮甜，也可以依個人口味，進行糖漬、煎、烤、火燒等料理方式，或是作為白肉、家禽的醃料和乳化後的冷甜醬。盡量避免使用鳳梨罐頭，因為新鮮鳳梨是難以替代的。在製作鳳梨果凍時，鳳梨汁會使明膠變成水狀，應避免。鳳梨十分適合與鹹食搭配，尤其是鴨肉，傳統的克里奧（créole）餐點也會將其搭配在豬肉和血腸裡。

番荔枝科

Annona cherimola

冷子番荔枝（秘魯釋迦）

起源

冷子番荔枝（chérimolier，或稱 anonier）來自秘魯和厄瓜多的安第斯山谷，科博（Cobo）神父在瓜地馬拉發現這種水果後盛讚：「果肉雪白軟嫩，酸甜味道引人食指大動」。「番荔枝」（chérimolier）一詞來自克丘亞語（quechua），有「又冷又圓」或「冷種籽」之意。這種植物不耐寒，熱帶地區多種植在高海拔處；地中海盆地種植在阿爾及利亞、西西里和蔚藍海岸。

外型

外型呈心型圓球狀或錐狀，表皮為鮮綠色，果肉呈現白色，內有又黑又亮的籽；一顆冷子番荔枝（秘魯釋迦）大約 750 公克。

挑選與存放

成熟時表皮會開始呈現咖啡色且變軟，不宜過度搬動。

品嚐

若想品嚐新鮮的冷子番荔枝（秘魯釋迦），可直接切成兩半去除籽後用湯匙吃。在所有番荔枝品種中，只有帶刺的刺果番荔枝（*Annona muricata*）可以煮來吃，例如做成雪酪或飲品，這種令人驚奇的水果通常跟貝類和沙拉搭配得很好。

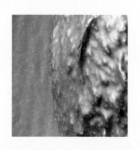

Persea americana

酪梨

起源

酪梨源自中美州，人類食用它已有幾千年歷史。學者在墨西哥的特瓦坎谷（Tehuacàn）發現西元前七千年的野生酪梨籽，西班牙人於十七世紀將酪梨引進安地斯島（Antilles），直到十九世紀末才慢慢傳播開來，二十世紀傳進莫利斯（Maurice）和印度，然後是夏威夷。基本上要到二十一世紀酪梨才開始傳入熱帶地區，因為當時必須依靠種籽傳播而非嫁接；酪梨出現在歐洲的餐桌上是近期才有的事。

外型

酪梨樹約有 20 公尺高，根據酪梨的品種，它的表皮呈棕色、有點粗糙且帶有紋路。酪梨主要可分為三大品系：墨西哥系、瓜地馬拉系、西印度系，果肉呈現綠色或黃色，富含油脂且包裹住一顆大的橢圓形棕色籽。

挑選與存放

酪梨是一種很脆弱的水果，購買時最好選擇還硬實的。一旦酪梨成熟又保存在 10 度以上的環境將無法承受撞擊，而且果肉會快速變黃。若是厚皮酪梨的品種，我們可以搖晃種子來確認熟度，薄皮酪梨成熟時摸起來則是柔軟但不軟爛。

品嚐

酪梨通常被當成蔬菜食用，較少使用在甜點上。細緻的油脂和堅果味道是品嚐的重點，但酪梨一旦與空氣接觸就會變黑，因此最好在食用前再準備，並且將酪梨塗上一層檸檬汁防止氧化。為了保存酪梨的顏色，您可以將酪梨去皮切半，沸水煮 30 秒後放入冷水中。過去在哥倫布時期，酪梨就常被做成酪梨醬當作開胃菜，或者是淋上醋、做成一道蔬菜泥前菜，它還可以做成濃湯或冰淇淋。

Musa spp

香蕉

起源

香蕉在亞洲熱帶地區有將近四十種品種，主要種植在緬甸和新幾內
亞。馬來西亞的小果野焦（*Musa acuminata*）是第一個被大量種植的
品種，之後在東南亞傳播開來的香蕉品種都是當地原生種與其他品種
雜交出來的。根據聖經創世紀記載，亞當和夏娃在伊甸園中將香蕉葉
拿來當作腰布遮羞，因此香蕉被稱作「亞當的無花果」（我們也可
以由此故事得知香蕉 *Musa paradisiaca* 這個名稱的由來）。可蘭經也
將香蕉稱為「天堂的水果」。

外型

香蕉這種草本植物的種植環境和遺傳因素，使我們很難概括它的來源
和種類。我們可以將香蕉分成水果（大麥克香蕉 Gros Michel）或甜
點（香芽蕉 Cavendish），而法國使用的大蕉（bananes plantains）主
要進口自葡萄牙。大麥克香蕉外皮較厚；香芽蕉的外皮有稜角，成熟
時外皮會由綠轉黃，比一般的香蕉更長更肥碩。

挑選與存放

一般會在香蕉還是綠色時進行運送和保存（12 度），香蕉一旦成熟
後可以在室溫保存好幾天（不可以放冰箱！），為避免過度觸摸攤位
上的香蕉，只要選擇外觀上有點綠的就好。

品嚐

香蕉剝皮去除果肉上的韌皮束（白絲）後即可食用，可以生食或烹調
（香蕉的澱粉耐熱性高），還可以用烤的。大蕉常被運用在安地斯群
島、非洲和拉丁美洲的料理中，還可以烹調成香蕉泥、炸香蕉片等。
歐洲人喜歡熟度高的香蕉，香蕉乾具高熱量也富含礦物質。香蕉還可
以製作成麵粉、酒和醋；早餐時可以加入麥片裡。

酢漿草科

Averrhoa carambola

楊桃

起源

法國沒有任何野生楊桃的跡象,它源自東南亞,這種熱帶植物在十六世紀傳入印度、十八世紀傳播至美洲大陸、十九世紀來到澳洲和非洲,直到 1988 年才從馬拉加(Malaga)傳入歐洲。

外型

楊桃長約 12 公分、寬約 6 公分,周邊有三到五個稜邊,果肉外覆有一層蠟質果皮,切開後星形中心可見橢圓形的籽。楊桃採收時是綠色的,成熟後會呈現金黃色。

挑選與存放

楊桃帶有稜角的外型使它十分容易受損,尤其外觀呈現綠色和成熟時特別容易損傷。存放在冰箱裡是不錯的保存方法。

品嚐

楊桃熟成後可以生食,例如放進沙拉中。如果是偏酸的楊桃,最好煮一下;也可以將楊桃做成果醬或果凍。漂亮的星形可以用來裝飾雞尾酒和其他鹹甜小點。楊桃的口感適合醃製,不過最有趣的莫過於楊桃美麗的外表超越了它的口感!

茶藨子科

Ribes nigrum

黑醋栗

起源

直到十六世紀，人們才發現黑醋栗的存在，它也被稱作 *piperi rotondi* 或胡椒；即使這種水果不是胡椒，這樣的講法依然沿用至今。美食界稱其為「黑醋栗胡椒」，1712 年貝利神父（l'abbé Bailly）盛讚它具有「令人讚賞的價值」。黑醋栗在法國傳播開來，其中又以醫藥最具價值。1841 年第戎（Dijon）發明了黑醋栗利口酒更加深了它的文化發展。如今仍可在歐洲中北部和俄羅斯看見野生黑醋栗的蹤跡。

外型

黑醋栗是一種圓形的黑色水果，直徑約 8 到 12 毫米。它的果肉富含糖分、感溫變色色素（對光和熱產生變化）以及維他命。包裹果肉和籽的外皮含有果膠，是一項料理好食材！在法國，最古老且最具聲望的品種是勃根地黑醋栗（Noir de Bourgogne）和那不勒斯王黑醋栗（Royal de Naples）。

挑選與存放

黑醋栗不易保存，很快就會變軟，尤其當它們擺放時若擠在一起，受到壓迫後會損失部分的微量營養素（micronutrients），建議購買後馬上食用或冷凍。

品嚐

我們不只食用黑醋栗果，還有它的葉子（做成茶包）和花蕊（酒、油、調味料……）。不要懷疑，用糖將葉子脫水（參見〈草藥〉，第 104 頁）可以使黑醋栗葉的香氣昇華。它的酸度和豐富的果膠是製成糖霜、果醬、果凍、糖和果汁的最佳食材，當然還有黑醋栗本身天然的黑色素。料理時同樣要避免壓碎黑醋栗，以防止釋放出來的單寧產生澀味。黑醋栗可以製作成美味的冰淇淋或雪酪，第戎人會將它當作芥末醬和釀酒的食材。黑醋栗富含維他命 C，因此也常被作為能量飲的成分之一。製作甜點時，新鮮的黑醋栗也可以和其他水果搭配得很好。

Prunus avium

櫻桃

起源

如果我們找到新石器時代和青銅器時代野生櫻桃核的蹤跡，就表示櫻桃樹的栽種可追朔至羅馬帝國時期。託鳥兒的福，喜歡櫻桃的牠們將果實散佈各處。法國現存最早的食譜《適度的愉悅與健康》（*De honesta voluptate et valitudine*，約 1472 年）讚揚了櫻桃的藥性更甚於它的酸味。櫻桃花開的季節代表著春天來臨，這是如此令人期待的季節，想像著在溫暖的天氣下品嚐埃里約河谷（la vallée de l'Eyrieux）的現摘櫻桃……

外型

櫻桃（帶核）呈現圓形或橢圓形，直徑約 0.9 至 2.5 公分之間，顏色有黃色和紫色。櫻桃果肉鮮甜多汁，或酸或甜；果皮很少果膠，果核光滑。櫻桃產地眾多（品種多由產地命名），包括：Montmorency、Bigarreau Cœur-de-pigeon、Burlat、Guigne、Stark Hardy Giant、Sunburst、Marmotte、Bigarreau Summit、Bigarreau Reverchon、Bigarreau Napoléon、Griotte……

挑選與存放

從櫻桃樹上摘下飽滿硬實的櫻桃，直接放入口中品嚐最是美味，如果是購買來的櫻桃請不要放進冰箱！櫻桃帶有綠色蒂頭表示很新鮮，我們可以在當季（極短時間）品嚐它，冰凍過櫻桃也很美味。

品嚐

無論是新鮮櫻桃，還是烹調（帶核或去核）後的櫻桃都很美味。熟成後的櫻桃汁帶有迷人的酸味，可以用來作醬料、醋、果凍、庫利等；櫻桃更是黑森林蛋糕的水果象徵！

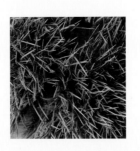

Castanea sativa

栗子

起源

我們從考古遺跡中發現，栗子樹早在西元前就被人類種植在土耳其和高加索地區，古希臘植物學家泰奧弗拉斯托斯（Théophraste，西元前四到三世紀）將栗子命名為「宙斯的橡栗」（gland de Zeus）或「尤比亞島的核桃」（noix de l'Eubée）。栗子樹生長在土地貧瘠的山區，在馬鈴薯被當成主食之前，地中海地區將栗子當成主食拿來煮湯或粥。阿爾代什（Ardèche）的代表性食物是栗子和香菇，每年的代賽涅（Désaignes）節慶就是為了讚揚它。

外型

帶刺外殼內有 1 到 3 顆棕色果實，表面光滑且覆蓋一層薄薄的皮。種籽被一層不可食用的薄膜（皮）包圍，一顆栗子重約 10 至 25 公克。栗子是乾果（瘦果 akène），根據專有名詞又區分成兩種栗子：「marron」指的是果實少於12%的栗子樹，而且只有一顆種籽；「châtaigne」的栗子樹產量超過 12%，有 2 至 5 顆種籽。儘管如此，區分還是很混亂。Bouche rouge 品種源自阿爾代什，種植在海拔不到 500 公尺的加爾（le Gard）和洛澤爾（Lozère）。

挑選與存放

栗子帶殼，可以購買新鮮或煮過的（只能保存幾天），也可以保存在真空袋中或冷凍。

品嚐

乾栗子可以做成成栗子粉（科西嘉的這項發明將它昇華！），製作出的餅乾和蛋糕風味特別突出。栗子也可以生食（未成熟的）、用烤的（先切開栗子殼避免烤的時候碎裂）、煎或燉，蒸栗子也很美味。去皮後的栗子（在佩里戈爾 Périgord 我們稱為「漂白」）可以當作蔬菜，而不只是火雞料理的配菜，還可以做成栗子泥。直到十八世紀栗子都被當作家禽飼料，直到糖漬栗子出現，栗子才變成高級又昂貴的甜點。儘管栗子含有大量澱粉可以增進飽足感，它的血糖指數卻很低。

芸香科

Citrus limon

檸檬

起源

檸檬起源於喜馬拉亞山東部、印度和中國南部，阿拉伯人將它傳播至北非、西西里和西班牙，接著隨十字軍東征將它帶到巴勒斯坦。檸檬被廣泛地種植在地中海地區、加那利群島（Canaries）、亞速爾群島（Açores）和加州。「萊姆」（*limūn*）一詞常被當作柑橘類的總稱，直到法語開始使用「檸檬」（citron）指稱這類水果。安東 · 里索（Antoine Risso）和安東尼 · 普瓦圖（Antoine Poiteau）在《柑橘歷史》（*Histoire naturelle des orangers*，1818-1822）中解釋了這種語言現象：「南歐人稱萊姆樹和萊姆，巴黎人稱檸檬樹和檸檬。」在法國芒通（Menton）每年都有慶祝檸檬的節日，檸檬不僅是當地的驕傲，也榮獲七大產區（IGP）認證。

外型

檸檬是一種橢圓形帶有果肉的水果（橙香果肉），檸檬在結果期間呈現柱狀，我們會除去它的芯。檸檬皮厚實帶有香氣，食用時外層的外果皮要去除，裡面的白色皮也得去除。果肉含有汁和籽，跟所有柑橘類水果一樣，豐富的維他命 C 和其他微量營養素都被良好地保存在檸檬皮裡。

挑選與存放

外層的檸檬皮使檸檬易於存放，同時也將營養成分好好保存下來。如果要使用檸檬皮，請選擇無施加農藥的檸檬。

品嚐

對於喜愛檸檬的人來說，檸檬就像鹽和胡椒一樣。檸檬汁很常被使用在烹調和甜點上，它還是天然抗氧化劑，可以防止某些蔬果氧化。檸檬用途廣泛，可以做成醃料、醬汁、熬煮、冰淇淋、雪酪和冰沙；檸檬皮還可以增加香氣，另一種越來越常出現在我們餐桌上的阿拉伯美食就是檸檬蜜餞。

Citrus aurantifolia

綠檸檬（Citron vert）

別名：萊姆 Lime

起源

由於萊姆（*limūn*）和檸檬（citron，參見〈檸檬〉第 38 頁）的命名與詞彙使用導致萊姆（Lime）的起源混亂，從印度東北部、緬甸地區和馬來西亞，萊姆（Lime）的分佈地區與檸檬相同。直到十八世紀，「綠檸檬」（citron vert）一詞是指摘採成熟前的黃檸檬，之後才被用來指稱萊姆。

外型

萊姆有兩種品種：墨西哥萊姆（la lime Gallet / *Citrus aurantifolia*），酸度高、果實小、微甜；波斯萊姆（la lime de Perse / *Citrus latifolia*）酸度較低、果實較大、有甜感。檸檬皮根據種植地區稍有差異，基本上都是綠色的，果肉多汁無籽。萊姆比檸檬含有較高的檸檬酸，但是抗壞血酸（維他命 C）和其他維他命則少於檸檬。

挑選與存放

參見〈檸檬〉第 38 頁。料理時請斜切，可擠出更多檸檬汁。

品嚐

萊姆的食用方式如同檸檬，不過它的皮和汁比檸檬更強烈，因此經常被用來當作調味和增添香氣的材料，也可以為無 / 酒精飲料增加風味。

Cydonia oblonga

榲桲

起源

最早的野生榲桲推估生長於伊朗、阿富汗和土耳其斯坦，約西元五世紀才傳入地中海地區。當時榲桲一詞可能與希臘語的蘋果（*kodumâlon*，在希臘方言中 *mâlon* 有蘋果之意）有所混淆，所以我們會在某些神話文本中看到在赫斯珀里得斯花園（le jardin des Hespérides）裡的「金蘋果」（也許是蘋果或榲桲）。

外型

榲桲（帶籽）呈現圓形、長條形或梨子形狀，長約 5 至 15 公分。黃綠色或紅橘色的表皮帶有凹凸或菱紋，有些品種成熟後果皮帶有絨毛（我們稱作絨毛蘋果）；有些品種的表皮完全光滑（我們稱作金蘋果）。果肉是淡白色，五顆果實中含有大量膠狀種籽。

挑選與存放

不要錯過在秋天偷偷上架的榲桲！一般會在成熟前就採收，保存在陰涼處，避免疊放，野生榲桲的香氣可是相當奔放的！

品嚐

榲桲不可以生吃，一旦削皮後就會快速氧化（變成棕色）。根據古代食譜記載，通常會跟蜂蜜或其他醣類食材一起烹調，它的果膠是製作果醬、果凍和果泥不可或缺的食材。在東方食譜中，榲桲被當作像胡椒一樣的配料加進塔吉鍋和家禽料理中。無論是用燴的、煮的（例如糖漿梨子）、糖漬或果泥，都是很好的食材。

葫蘆科

Cucumis metuliferus

刺角瓜

別名：非洲角黃瓜 Kiwano®

起源

刺角瓜起源於熱帶非洲，種植在森林和草原。紐西蘭人將它稱作非洲角黃瓜（Kiwano®，也是一個品牌名稱），隨後傳播至全世界。法國試著稱它為「métulon」，但是沒有成功。非洲稱之為「帶角小黃瓜」或「swani melon」（肯亞），以色列稱其為「melano」。

外型

約 10 公分的長條狀外型覆蓋金黃色帶刺果皮，黃色刺角瓜成熟後會變成橘色或紅色，果肉是帶籽的黃綠色。

品嚐

新鮮刺角瓜的味道介於小黃瓜和檸檬之間，如果沒有小黃瓜，可以將刺角瓜籽或果汁加入以青瓜酸優格醬汁（tzatzíki）為基底的冷醬料中，是很好的替代品。

科別

仙人掌科

Hylocereus megalanthus

黃龍果

別名：火龍果 Fruit du Dragon

起源

黃龍果源自南美洲西北部，傳至哥倫比亞。今日，哥倫比亞仍出口黃龍果至法國。

外型

外型呈長條狀，果皮有刺，果肉鮮白佈滿種籽；在法國一般被稱作「火龍果」（*Hylocereus undatus*）。

挑選與存放

黃龍果在被運送到法國之前會先除去大刺。

品嚐

黃龍果的果肉帶著具有異國情調的小黑點，可以生食，用湯匙挖著吃或和其他水果做成沙拉。

Rosa canina

薔薇果

別名：玫瑰果 Églantier

起源

在薔薇科中，我們將可食用的犬薔薇（*Rosa canina*）果實，和只能食用花瓣製成果醬、玫瑰水或萃取為精油的突厥薔薇（*Rosa x damascena*）區分開來。人類從史前時代就開始食用犬薔薇的果實，尤其是作為醫藥用途。野生玫瑰大多生長在寒冷地區；「玫瑰果」（Églantier）這個字來自拉丁文 *aquilentum*，是從 *aculeus* 衍生出來的字，意思是長滿刺的灌木。

外型

薔薇果本身不是水果，而是小果實（瘦果）的花托。外型呈現圓形、蛋形或橢圓形，長度落在 15 至 25 毫米之間，秋天成熟後呈現紅橘色調。瘦果周圍的小刺會刺激皮膚，所以薔薇果又有「抓屁股」（gratte-cul）這樣的俗名。

挑選與存放

薔薇果通常會在第一次結霜後，果肉開始變軟前採收，常被用來當成果醬製作彼樂糖（Blets）。

品嚐

薔薇果必須去梗去籽，果肉最常被用來製作果醬，因為它的質地柔順氣味芬芳。薔薇果的果肉微酸，通常會做成罐頭，少掉去籽的程序，方便簡單食用。因為薔薇果含有比橘子更豐富的維他命，所以常被用來製作果汁和薔薇乾，薔薇乾還可以做成薔薇粉（麵包、蛋糕、茶包……）。

桑科

Ficus carica

無花果

起源

無花果樹是地中海地區最優秀的樹種，中東人在西元前三千年就熟知無花果。阿拉伯人將它傳播到北非，人工栽種的無花果約和葡萄與橄欖同時期。無花果在聖經中也佔有一席之地，它是應許之地（la Terre promise）的五棵樹之一：葡萄樹、橄欖樹、石榴樹、椰棗樹、無花果樹。在神話中也是一種象徵，在中國代表永生，它還是路易十五最愛的水果……法國的地中海地區和西海岸都有種植無花果樹，而最富盛名、最古老、最高大（約 300 公尺高）的當屬 1610 年種植在 Roscoff 地區的無花果樹，已於 1987 年砍除。索列斯蓬（Solliès）的無花果已於 2006 年獲得原產地命名控制（AOC）認證。

外型

無花果是「假果」的一部分，因為它是小果實（瘦果）的容器，而不是我們認定的水果種類。它的生長週期如聖經般複雜，簡而言之就是藉由榕小蜂（blastophage）來傳遞花粉。每到春天，雙花品種的無花果會在前一年的樹枝上開出第一代無花果，稱作「無花果花」，於初夏成熟後，無花果樹會繼續生長，另一批「果實」於秋天成熟；單花品種的無花果一年只會在夏末秋初結一次果。不同的無花果樹產出不同顏色的無花果：白色、粉紅色、綠色、紫色或接近黑色。無花果的薄皮覆蓋著花瓣組成的果肉，因此烹調時容易糊爛。無花果呈現梨形或球形，富含纖維與果膠。

挑選與存放

新鮮無花果很脆弱，果肉在成熟時輕壓就會裂開，因此購買時不要捏它。堅硬的無花果梗表示新鮮；避免選擇有「珠狀」斑點的無花果，這表示已過熟。無花果必須盡快食用，不可存放冰箱，以避免香氣被破壞。最好挑選散裝的無花果，不要買盒裝的。如果想知道更多關於無花果的資訊，可以到位於加爾省（Gard）韋澤諾布爾市（Vézénobres）的「無花果之家」（la Maison de la Figue），您將會展開一場富有教育意義又趣味的參觀行程。

品嘗

無花果可以去皮或整顆食用，生食很甜；比起做甜點，它更適合拿來搭配火腿和乳酪！如果要烤無花果，請以小火保持它的完整性，避免變成無花果泥。無花果很適合用小火燉煮，無花果乾則是很有營養價值的食物。

Opuntia ficus-indica

仙人掌果／梨果仙人掌

起源

我們並未找到野生梨果仙人掌果樹的蹤跡，它起源自墨西哥的人工栽種。根據阿茲特克首都特諾奇提特蘭（Tenochtitlán，一個仙人掌長在石頭上的地方）的建成傳說中記載，仙人掌果實象徵被埋在仙人掌下的敵人心臟。十六世紀初傳入西班牙，十六世紀末散播至全歐洲。十八世紀傳入中國和南非，被當作觀賞植物和食物。西班牙引進梨果仙人掌是為了從胭脂蟲（cochenille）中萃取胭脂，胭脂紅在當時非常流行。如今，梨果仙人掌在氣候最炎熱的地中海地區相當普遍。

外型

梨果仙人掌果實呈橢圓形或梨形，長約 5 至 10 公分。果皮厚實帶刺（因此英文稱其為仙人掌梨 *cactus pear*），有綠色、黃色或紅色；果肉鮮甜微酸，有白色、黃色或紅色，且有很多種籽。

挑選與存放

請先將兩端去除，以避免被仙人掌果實刺到。

品嚐

梨果仙人掌果實去皮去籽後即可享用，使用番茄鑲肉（tomates farcies）的做法將果肉去除後烹調也很好吃。法國人喜歡仙人掌果乾，也可以將它做成果泥、果醬或雪酪。在墨西哥，仙人掌果乾會被做成「鮪魚乳酪」（fromage de tuna），並使用在鮪魚汁做成的發酵飲料中。在墨西哥市場和某些北非國家中，可以看到去皮切成條狀的仙人掌果實被當做蔬菜烹調。

薔薇科

Fragaria × *ananassa*

草莓

起源

鳥類喜食草莓，因此助長草莓的繁殖。十九世紀歐洲和美國種植許多品種的草莓，最後由「鳳梨草莓」（fraise ananas）勝出。中世紀開始，草莓就因具有療效而大受讚揚。路易十四的園丁拉昆提涅（La Quintinie）當時已將草莓種植在皇家菜園裡，但直到十八世紀初，猩紅色的弗州草莓（fraisier de Virginie）被引進，以及來自智利的新品種以「阿梅迪-弗朗索瓦·弗雷齊爾」（Amédée François Frézier）命名後，草莓的種植才開始普及。

外型

「真果」是指在草莓花托中的瘦果，草莓經由授粉生長，它的果肉是由花托中的瘦果分泌賀爾蒙來的。體積小又早熟的gariguette（法國哲學家狄德羅稱其為「潮濕的乳頭」）是國家農業研究院（Institut national de la recherche agronomique）於1976年雜交出來的新品種，經由受精又繁衍出ciflorettes、cigalines、cireines和cigoulettes等品種。新品種的開發不僅是為了香氣，也為了增加草莓的保存力、耐運輸。

挑選與存放

草莓含水量極高，表層有一層薄膜，因此只要稍微碰撞就會受損。來到眾所期待五月產季，請優先選擇法國當地的品種，因為出自法國的品種都美味無比。草莓可透過有機方式栽種，它在任何種植方式下都能生存。

品嚐

最上等的草莓新鮮脆口，也可以打成泥或精心烹調。草莓能為冰淇淋增加香氣，並以鮮紅的色澤為其裝飾；熱騰騰的草莓千層也是不可或缺的一道食譜。如果要將草莓保存在罐子裡，得先將它切塊讓果膠釋放出來。

Fragaria vesca

野草莓

起源

野草莓分布在歐亞大陸和北美，在歐洲將美國野草莓進行雜交之前，野草莓品種多生長在野地，無特地栽種或食用。拉丁文學名 *fragare*（「氣味芬芳」或「散發香氣」）顯示了它充滿花香、十足優雅且狂放的香氣，*vesca* 則有嬌小之意；野草莓就如同它的名字（Fraise des bois），意即在森林或矮樹林的樹影下於六月（平原）和九月（山區）摘採的。

外型

野草莓跟草莓一樣是「假果」，由花的果肉花托形成。暗紅色的野草莓比草莓小（最大約 12 毫米），品種繁多，也有白色野草莓。

挑選與存放

不要將野草莓打成泥，會產生苦味。

品嚐

考量到野草莓的脆弱易損和價格漲幅（因為越來越少野生野草莓），選擇越簡單的方式食用越好，或者也可以像宮廷宴會一樣，男士將野草莓沾酒、女士沾奶油食用；野草莓與薄荷碎是絕佳組合。

科別

薔薇科

Rubus idaeus

覆盆子

起源

野生覆盆子生長在歐洲和中亞山區，這種灌木也生長於北半球的北部平原和森林。古代文獻很少提及覆盆子，如果有提到也只記載它的藥性而非味道。根據傳說，仙女伊達（Ida）被覆盆子樹刮傷胸部，她的鮮血染紅了原本是白色的覆盆子，因此它的拉丁文學名意即「伊達山的荊棘」（*Rubus idaeus*）。

外型

覆盆子呈橢圓或錐狀，由許多小核果組成，每個小核果內有一顆瘦果。當我們摘採覆盆子時，它的花托會被留在樹上形成一個凹洞。覆盆子為常年開花灌木，一年結兩次或一次果。白色和黃色覆盆子多汁但不甜，它們是從紅色覆盆子突變來的；美國還雜交出黑色覆盆子，而 Mecker 是最適合生長在法國的覆盆子品種。

挑選與存放

不要將覆盆子存放太多天，尤其不能放冰箱，否則會走味；如果產季豐收，最好的儲存辦法是冷凍。

品嘗

新鮮覆盆子最美味，請盡早享用越好！隆 - 阿爾卑斯大區（Rhône-Alpes）、羅瓦爾河谷（Val de Loire）、利穆贊大區（Limousin），還有法蘭西島（Île-de-France）都盛產覆盆子。覆盆子可以製成醬汁、果汁、庫利跟雪酪。覆盆子含有很多瘦果，因此要將果肉瀝出；它同時含有大量水分、果膠與多醣，可以做出質地很好的庫利。覆盆子是當季水果中最適合製作甜品的水果，例如果醬、果凍、糖漿和蒸餾酒，還可以增加醋的香氣；有什麼比摘採野生覆盆子來製作香氣濃厚的果醬跟果凍更享受的事呢？

西番蓮科

Passiflora edulis

百香果

起源

百香果來自南美洲熱帶地區，這種攀緣植物也生長在非洲、澳洲和馬來西亞。十八世紀，巴西傳教士將它當作耶穌受難的象徵：百香果花綻放的三岔柱頭代表十字架上的釘子，五條雄蕊象徵傷口，一條雌蕊象徵錘子，果肉的花絲代表耶穌頭上的荊棘皇冠。

外型

百香果呈圓形或橢圓形，是一種漿果；橘黃色百香果較酸，紫紅色百香果香氣較弱。百香果多汁、帶酸、香氣足，果肉呈現半透明（假種皮）且內含黑色種籽，品嚐時嘴裡會出「喀喀」聲。

挑選與存放

為了避免買到沒有香氣的百香果，不要選擇果皮過多皺紋的；深紫色果皮代表百香果生長在日照足夠且氣候溫和的環境。請避免購買果皮上有斑點或過軟的百香果，具有重量感的百香果代表果肉飽滿。如果百香果皮過於光滑，請將它放置於陰涼處，待熟成後再放入冰箱，但不要超過一個禮拜。可以挖出果肉或整顆放進冷凍，還可以將百香果汁（新鮮或濃縮）倒入冰桶存放在冷凍櫃備用。

品嚐

新鮮百香果可以用湯匙食用，也可以做成果汁、奶油、果凍、雪酪、糖漿、調味醋……帶酸味的百香果汁適合烹調，不會變色。請避免壓碎或混合百香果籽，因為釋放出的單寧會讓果汁變苦。百香果非常適合與檸汁醃生魚（ceviches）和生魚片搭配，或做成醬汁、沾醬、果汁，是不可或缺的食材！

柏科

Juniperus communis

刺柏（杜松子）

起源

從古希臘羅馬時期，杜松子就非常受歡迎。它主要生長在歐洲大陸，特別是山區、亞洲溫帶、北美和北非。杜松子的優點良多，相傳能夠避邪，也因為具有藥性能治病而被當作是「窮人療法」。

外型

跟它的俗名相反，杜松子（Les baies de genièvre）不是植物學上的漿果，而是錐狀肉質（5 至 10 毫米）的針葉樹種籽。刺柏是少數可以食用「漿果」的針葉樹，當它成熟時會釋放出藍紫反射光，錐型樹脂還會散發出複雜的特別香氣。

挑選與存放

通常會做成果乾，保存在密封罐後存放在乾燥陰涼處。

品嚐

根據廚師和羅馬作家阿比修斯（Apicius）建議（《野味的醬汁》sauce pour toutes les venaisons）：整顆杜松子會釋放出動物、植物和辛香料的最佳滋味，尤其跟野味搭配最為和諧；也可以使用另一種食譜，搭配白魚。杜松子的香氣已經與櫥櫃和酒類連結為一種經典搭配，也是德式酸菜裡不可或缺的配料！

桃金孃科

Psidium guajava

芭樂

起源

芭樂樹的起源不明，但我們可以知道是由西班牙引進歐洲，隨後傳至加勒比海地區、墨西哥和秘魯。今日芭樂的主要生產國為巴西、墨西哥、泰國和印尼，巴西將芭樂從葡萄牙進口到國內並命名為梨子（poire）。

外型

芭樂呈圓形、橢圓形或梨形，長約 4 至 12 公分，表面覆蓋一層從亮黃色到鮮綠色的薄皮。根據不同品種，果肉色澤介在黃白色和淡紅色之間；果肉中心多籽。

挑選與存放

芭樂一旦收成後就不再繼續熟成，因此容易腐爛；每年的十二月到一月會從安地斯地區和巴西進口，十一月到二月從象牙海岸和印度進口。

品嚐

新鮮芭樂是一種酸味適中的水果，常被做成果汁。紅心芭樂的香氣適合做水果沙拉，還可以替代雞蛋做成水果美乃滋！巴西的傳統水果塔會用芭樂搭配山羊乳酪。

科別

番木瓜科

Carica papaya

木瓜

起源

木瓜源自美洲熱帶和亞熱帶地區，經西班牙傳至巴拿馬、安地斯地區，隨後又傳入菲律賓、馬來西亞和印度，直到十九世紀才傳入非洲。至今，亞洲地區種植的木瓜已經跟南美洲和非洲的一樣優良。

外型

木瓜呈圓形或長條型，長約 7 至 30 公分，重達 1 公斤。表層薄皮介於黃色和綠色之間，橘色果肉的中空處多籽且覆蓋一層膠狀膜。

挑選與存放

若選購了過熟的木瓜很可能會讓您失望。木瓜是一種容易損壞導致氣味改變，進而腐爛的水果，不過挑選木瓜有時的確是運氣問題。請存放於通風處，不要放進冰箱。

品嚐

將木瓜切成小塊或用湯匙挖著吃，可以單吃或加入其他水果一起食用。它的纖維和果膠可以製作質地很好的庫利、果汁和雪酪，還有果醬、果凍與印度沾醬。青木瓜去皮去籽，再讓酸性汁液流出後，即可刨絲當作蔬菜享用，可以做成沙拉、烹調（例如焗烤）或醃製。木瓜果肉多汁鮮美，富含鳳梨蛋白酶（一種幫助消化的蛋白酵素）可軟化肉類幫助消化。

千屈菜科

Punica granatum

石榴

起源

經考古發現最早的石榴樹出現在巴勒斯坦（西元前3000至2000年），隨後傳至賽普勒斯、千紀年間傳入希臘，接著來到地中海盆地，最後抵達東方；西班牙於十八世紀將石榴傳入加州。石榴是一種具有高度象徵意義的水果，代表繁殖力，同時也象徵血（對希臘人而言是希臘神話人物阿多尼斯的血，對基督徒來說是殉道者的血），在伊斯蘭教裡具有「消除仇恨和嫉妒」的意涵。

外型

石榴直徑約6至12公分，外層有一層又厚又硬的皮，顏色介於紅色和黃棕色。果肉在假種皮裡面，被一層白色帶苦味的皮隔開，籽很好取出。石榴只有兩個種類，但是品種眾多。根據石榴的酸度，微酸的石榴可以直接品嚐或做成飲料。

挑選與存放

紅色果皮表示酸度適中，棕色果皮較甜。若石榴表面凹凸不平或已經變黑請直接丟掉，把新鮮石榴保存在室溫通風處。

品嚐

石榴的精華就是帶酸味的果汁，做成新鮮果汁或焦糖是最好的享用方法。如果要榨汁得用假種皮，不可以和籽混在一起，否則會釋放出有苦味的單寧。假種皮含有少量纖維和果膠，不可以煮到濃稠；富有良好香氣的石榴籽可以做成沙拉或甜食。

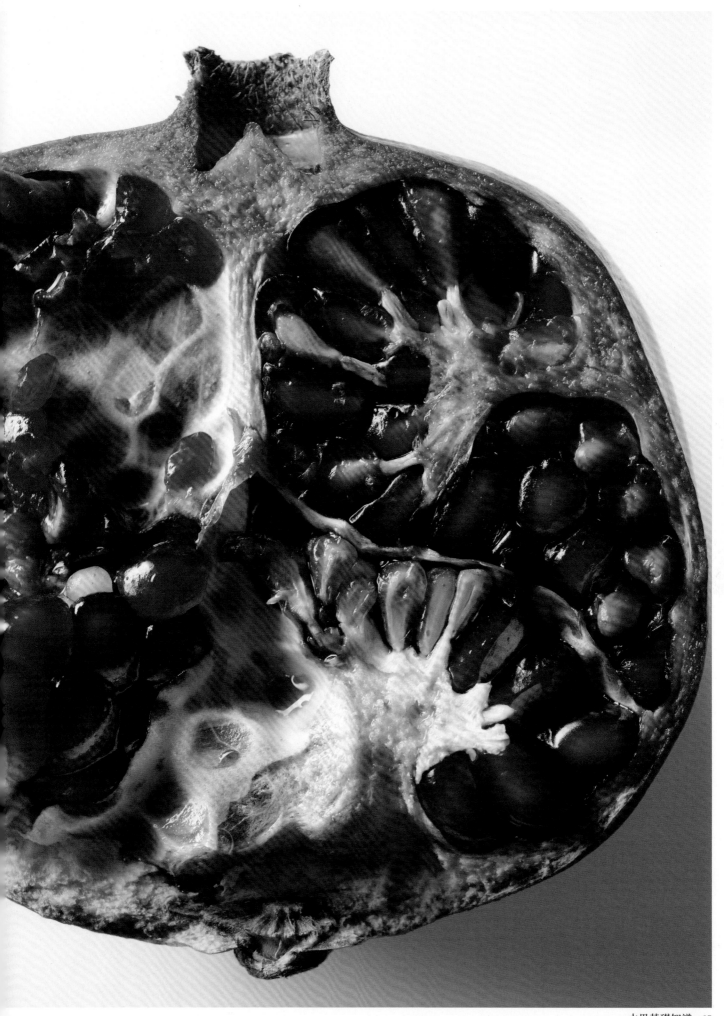

科別

茶藨子科

Ribes rubrum

紅醋栗

起源

紅醋栗源自西歐,直到中世紀才被發現並且食用,也是在此一時期,比利時和法國北部開始栽種紅醋栗。

外型

醋栗是一種圓形漿果,表面光滑,直徑小於10毫米;有鮮紅色(Jonkheer van Tets 品種)、半透明淡黃色(Versaillaise 品種,也有白色和紅色)或粉紅色(Gloire des Sablons 和 Hollande 品種,也有白色和紅色)。紅醋栗、粉紅覆盆子都具有良好的香氣,其漿果大小有如莎斯拉葡萄(chasselas,產於瑞士的白葡萄)那麼大。

挑選與存放

採收紅醋栗需要耐心和細心!每年六到九月是法國產季(主要是皮卡地 Picardie、阿爾薩斯 Alsace、洛林、隆 - 阿爾卑斯、法蘭西島為主要產區),如果要保存完整的紅醋栗,得小心處理。購買時請選擇飽滿、有光澤、綠色蒂頭的紅醋栗,可置於冰箱保存一兩天,也可以冷凍處理。

品嚐

酸味十足的紅醋栗(根據品種和產地)通常會和其他水果一起食用或撒上糖粉,也可以做成沙拉、鹹食,和帶有酸味的冰淇淋與雪酪。因為富含果膠,因此常被做成果汁、果醬或果凍。巴勒迪克(Bar-le-Duc)醋栗果醬(紅色或白色)以其稀有性和去除每顆漿果上的細毛的製作方式聞名(又稱作巴勒迪克魚子醬),傳統上野味料理或牛肝會搭配紅醋栗,例如做成蜂蜜紅醋栗焦糖醬。

科別

茶藨子科

Ribes uva-crispa

鵝莓

起源

野生鵝莓生長於北歐，中世紀時期，此地區的人用鵝莓取代葡萄製作
酸葡萄汁，這是一種從未成熟葡萄中萃取出酸汁的果汁。直到十六
世紀，鵝莓才廣為人知，因為常被用來當作鯖魚的醬料而有此命名
（groseilles à maquereau，即鯖魚醋栗）。

外型

鵝莓是一種圓形或橢圓形的漿果，表面光滑並覆蓋一層絨毛，大小約
10 至 20 毫米。半透明的果皮顯露出細緻紋理，漿果呈現亮綠色、黃
色或紫紅色。鵝莓不同於紅醋栗成簇生長，而是單獨生長。夏季是鵝
莓盛產的季節，主要的法國產區位於洛林或羅瓦爾河地區。

挑選與存放

可以置於冰箱存放一兩天，也可以裹上糖後冷凍。

品嚐

單吃新鮮的鵝莓就能令酸味愛好者感到心滿意足，也可以將鵝莓浸泡
在熱水中降低酸度、或用來軟化肉質。鵝莓可以做成塔、庫利、果
醬、果凍，還能做成醬汁或調味料來搭配肉類和野味。

柿樹科

Diospyros kaki

柿子

起源

柿子源自中國亞熱帶地區，傳播至日本後被當作果樹和觀賞樹已經有千年的歷史，也出現在馬來西亞和印尼山區。十九世紀中期，柿子傳進美國（主要在加州），接著來到法國和義大利；在地中海地區和北非被稱作「筆柿」（plaqueminier）。

外型

柿子呈橢圓形或圓形（形狀像番茄），有豐富果肉和纖維。表皮光滑不可食用，從橘黃色到紅色不等。果肉是無籽果實（即心皮，且柿子樹為單為結實，不需要胚珠即可繁殖！），依據品種的澀度分成四類，富含單寧。

挑選與存放

遺憾的是，柿子的分類對於分辨柿子是否具有澀味並無太大的幫助，若害怕柿子的澀味，可待過熟後食用，或選擇經過加速熟成處理的柿子。日本會把柿子放入釀清酒的空酒桶裡，讓酒精蒸氣幫助乙烯揮發催熟柿子。不用懷疑，請選擇還硬實的柿子購買，放著等它熟成……但可別放太久！

品嚐

柿子可以切成條狀或丁狀享用，也可以用糖或蜂蜜醃製和燒烤，與蘋果是完美的搭配；柿子乾在法國的乾貨店相當少見。

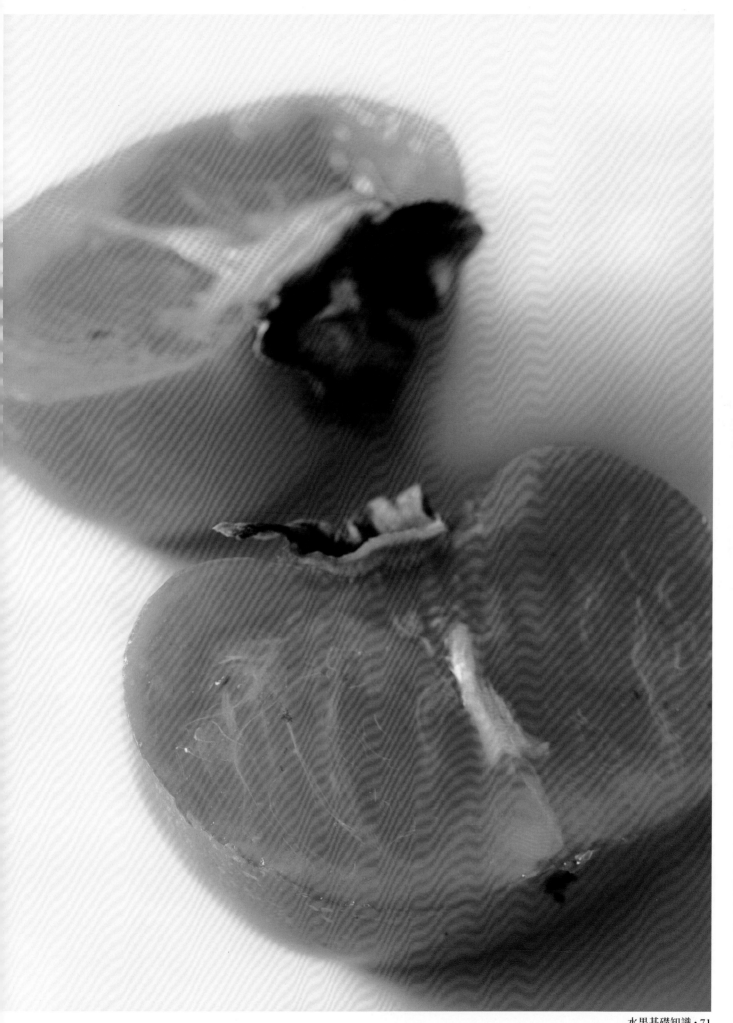

獼猴桃科

Actinidia deliciosa

奇異果

起源

奇異果源自中國（在中國有個已經被遺忘的俗名叫「中國醋栗」），十八世紀傳入英國，十九世紀進入法國。紐西蘭自 1910 年代開始大量栽種，並出口到歐洲和美國。紐西蘭將它取了一個商業性名稱「奇異果」或「奇異」（kiwi），這個名稱正是來自澳洲特有種奇異鳥。時至今日，法國已經有本土奇異果（主要產區在南法和上科西嘉 Haute-Corse），這種熱帶水果已經成為我們日常飲食之一。

外型

奇異果表面覆蓋一層薄薄的棕色絨毛皮（因此曾被稱作「植物老鼠」），形狀呈橢圓形，兩端扁平，大小如雞蛋一般。果肉富含維他命 C、E 並且覆滿種籽（所以富含單寧）。黃色奇異果（*Actinidia chinensis*）表皮光滑，較甜；紅色奇異果較小、價格較昂貴。

挑選與存放

成熟前的奇異果很酸，若過熟又會散發難聞氣味，切記不要壓它！

品嚐

奇異果最常生食，削皮後切塊，或對切後用湯匙吃都可以。它的果肉柔軟多汁、微酸，也具有香氣，適合用來製作甜食和鹹食，增加食物新鮮度。奇異果可以做成果汁、庫利、冰沙（它的質地非常適合），還可以當成糖醋醬的食材。

芸香科

Fortunella spp

金柑

起源

直到 1915 年以前，金柑都被視作柑橘屬（*Citrus*）；在美國植物學家施文格（Swingle）建立金柑屬，藉此區分開來之前，金柑都被當成某種小顆橘子。在中國，金柑即為「金色橘子」之意。它起源於中國，隨後傳至日本、美國（佛羅里達州）和歐洲（1846 年由蘇格蘭植物學家福鈞 Robert Fortune 傳入），我們發現地中海地區也有種植金柑。

外型

金柑根據品種不同呈圓形或橢圓形，直徑或長度約 1 至 4 公分。橘色果皮柔軟可食用，果肉帶籽、微酸、香氣盛。

挑選與存放

法國最受歡迎的品種是圓形的金柑（*Fortunella japonica*）和橢圓形的金棗（*Fortunella margarita*）。

品嚐

可以像甜點一樣整顆生吃，除了微酸的味道外，金柑還具有裝飾性，例如搭配薄切生肉（carpaccio）。金柑可以做成蜜餞和金醬，傳統上還會做成肉泥或糖醋醬；金柑配上芥末十分適合與肉類搭配。在亞洲，我們很輕易就可以找到蜜餞（金棗糕）和金柑果乾。

科別

無患子科

Litchi chinensis

荔枝

起源

荔枝源自中國南部、越南北部和馬來西亞的野外山區，已經有幾千年的種植歷史，這種「中國櫻桃」是許多神話的核心。荔枝於十八世紀傳入留尼旺（La Réunion），十九世紀進入南非、馬達加斯加和美洲，隨後又傳入澳洲。它的英文名（lychee）來自廣東話的發音（laï-tchi），今日則被當成聖誕節水果。

外型

荔枝呈圓形或橢圓形，直徑約 3 公分。紅色和淡紫色的表皮呈現鱗片狀或輕微突起，可以輕易用手剝開。果皮內有白色半透明果肉，非常多汁，含有長條形籽。

挑選與存放

購買時需注意荔枝皮不能有損傷（放久後會破裂），也不能是棕色；可以單顆或成串購買。

品嘗

不要吃罐頭荔枝，自己剝皮吃的新鮮荔枝最美味！荔枝帶有玫瑰花香氣，果肉質地鮮美。可以做成醃料、庫利、糖漿或水果塔，十分適合與覆盆子搭配。

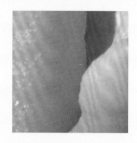

Citrus medica var. sarcodactylis

佛手柑

別名：五指柑 Cédrat Doigts de Bouddha

起源

佛手柑源自亞洲（東南亞或印度），這裡種植香水檸檬（Cédrat）已有千年的歷史，它是由米底王國（les Mèdes，佛手柑拉丁學名 *medica* 正是這麼來的）第一個傳入地中海地區的柑橘類。佛手柑是香水檸檬樹的突變種，果實被分成爪狀（希臘文中的 *sarcodactylis* 意即「手指果肉」）。它的形狀近似佛教徒祈禱的手指，具有不同手勢：張開或合起。在佛教中作為供品，象徵保佑和幸運；還可以當作室內芳香和衣物芳香。佛手柑種植在南法和上科西嘉的柑桔園裡。

外型

佛手柑外皮的厚薄程度決定它的熟成時間（必須要三個月），果皮在亮黃色和橘黃色之間，可以食用。它的心皮像手指一樣分開，沒有果肉和籽，微酸無汁。

挑選與存放

果皮厚且無果肉，利於保存；請存放於室溫陰涼乾燥處。

品嚐

佛手柑果皮帶有甜味，可為甜食或鹹食增加令人垂涎三尺的滋味。將佛手柑切絲後即可生食、泡茶或糖漬。

Citrus deliciosa ou reticulata

柑橘

起源

柑橘是柑橘屬的一種，歸在柑橘類水果中。源自中國南方和東南亞的東北部地區，在中國已經有超過兩千年的種植歷史。柑橘樹在西元一世紀被嫁接成功後，成為中國和日本最廣泛種植的柑橘類水果。十九世紀初期，葡萄牙將柑橘傳入歐洲，隨後傳至全世界。它的名字（mandarine）來自中國古代官員（mandarin）穿的錦緞袍子。柑橘是地中海地區最廣泛種植的水果（主要在科西嘉），於冬天採收；近年來柑橘已經被無籽紅橘（clémentine）所取代。

外型

柑橘呈不規則圓形，果皮薄，呈現橘色調。只要從柑橘頂端向下壓，即可輕易分開果皮和果肉。

挑選與存放

柑橘比柳橙更不耐放，不過可以在室溫下存放幾天。不要購買包裝好的柑橘，因為經過長途運輸後容易變軟，表示內部可能腐壞。

品嚐

果肉香甜的柑橘是餐桌上常見水果，比起其他柑橘類水果，它的酸度較低。帶有香氣的果肉適合製作甜食和鹹食。糖漬柑橘可保存良久，還可以為酒精類飲品增添風味。

藤黃科

Garcinia mangostana

山竹

起源

山竹樹生長在潮濕的熱帶地區，源自東南亞的野生未知地帶。主要種植在泰國、馬來西亞、菲律賓、印尼，同時也生長在印度、斯里蘭卡、南美洲和非洲中部，其中又以剛果民主共和國為主，當地稱山竹為「因貝」（imbe）。

外型

山竹呈現球形，漿果直徑約 4 至 7 公分；成熟時果皮會從淡紅色變成深紅色，接近黑色。山竹厚實的表皮覆蓋住一層珍珠白的假種皮和果肉，果肉分成四瓣（4 至 8）將種籽包圍在中心；山竹的果肉是唯一可以食用的地方。

挑選與存放

山竹非常脆弱，禁不起碰撞；當它的果皮呈現紫色時表示成熟了，可以在常溫下保存至少兩星期。山竹果皮富含單寧，容易染色（因此也被當作染劑）。山竹一旦成熟即可剝皮食用，因為罕見，屬於水果攤上價格昂貴的水果種類。

品嚐

山竹果肉帶有果香且柔嫩多汁，新鮮食用比烹調過的美味。

漆樹科

Mangifera indica

芒果

起源

芒果是芒果屬（*Mangifera*）中唯一可食用的果實，因此被廣泛種植。它源自印度，西元前一世紀傳至東南亞，十世紀時種植於伊朗、十五世紀在菲律賓、十六世紀在非洲都能發現它的蹤影。芒果從十九世紀開始大量種植在熱帶和亞熱帶地區，是印度教的聖樹。

外型

芒果呈橢圓形或不規則狀，是一種帶核水果，大小介於 5 至 20 公分，重量可達 2 公斤。芒果成熟後，綠色或黃色的粗糙表皮會變成紅粉色；黃色或橘色果肉中間有一顆長條狀的扁平籽。

挑選與存放

芒果採收後會在室溫下繼續熟成，西方的品種通常纖維不粗而且缺乏芒果最好的香氣——松節（térébenthine）。

品嚐

當我們享用黃色或紅色芒果多汁柔軟的果肉時，可以切丁、切條或搭配薄切牛肉都很適合。還可以做成果汁、庫利、濃湯、印度沾醬⋯⋯它和百香果非常搭，尤其是冰淇淋。芒果富含纖維和果膠，因此利於烹調（烤、煎、燉⋯⋯）。未熟成的綠色芒果被當成蔬菜烹調，綠芒果乾被當成調味料使用。

科別

葫蘆科

Cucumis melo

甜瓜

起源

甜瓜依據品種而有不同形狀、大小和味道，它來自亞洲，也生長於熱帶非洲和南非野外。長期以來甜瓜與西瓜時常被混淆，有關甜瓜的來源還得再查證（是亞洲抑或非洲？）。希波克拉底（Hippocrate）說它是「被太陽催熟的小黃瓜」；普林尼（Pline）提到甜瓜在一世紀時傳入義大利那不勒斯，查理八世於 1495 年將它帶回法國。甜瓜是哥倫布帶到美洲的其中一種水果，隨後傳至歐洲；經過美國雜交後，如今已有許多品種。

外型

甜瓜呈圓形或橢圓形，果皮厚實帶有紋路；依據品種的不同，顏色有綠色、黃色、橘色。它的果肉通常是黃色或橘色，中心有很多籽。Charentais（商業名「melon de Cavaillon」）的果肉柔順、香氣足。法國已經有三十幾年種植 Charentais 品種的經驗（六到九月採收），它的皮較厚、果肉硬實；還有一種深綠色的罕見品種 Noir des Carmes。

挑選與存放

根據不同說法，我們會建議先觸摸甜瓜，然後聞一聞，也可以稍微轉動蒂頭，隨機挑選或許也會是個好方法！甜瓜很快就會熟透，過熟的甜瓜會散發出難聞的酒精味。

品嘗

烹調甜瓜時要小心它過多的水分，當季的甜瓜香氣芬芳，可以切片、切丁或搭配薄切牛肉，還可以醃製、打果泥、糖漬……屬於夏季的小娛樂：甜瓜、薄荷，再加上幾滴茴香酒就是美味的西班牙冷湯（gaspacho）。

桑科和薔薇科

Morus nigra et Rubus ulmifolius (ou fruticosus)

桑椹和黑莓

起源

桑椹源自中亞，尤其在伊朗已有幾千年的栽種歷史。它是新石器時代狩獵採集者的食物，隨後被羅馬人傳至歐洲；希臘人稱它為「泰坦之血」。我們將同樣生長於荊棘灌木的歐洲黑莓進行視覺類比，發現它來自小亞細亞的高加索山。桑椹廣佈於歐洲、南非、美洲和澳洲，且品種多樣。法國的主要產區遍及布列塔尼到中央高原、浮日山脈到墨爾旺山，以及上法蘭西大區。

外型

桑椹是果實裡的瘦果，而不是果實本身。它是合心皮果（syncarpe），是心皮結合後的成果。*Morus nigra* 品種成熟後是紫色；*Morus alba*（白桑）較小，有白色、粉紅色或紫色，通常會拿來養蠶，較少食用。

挑選與存放

桑椹富含單寧，顏色很深，可以冷凍。

品嚐

食用新鮮現採桑椹最佳，適合做成甜點、果凍或果醬，是料理中不可或缺的水果。桑椹還可以搭配野味，例如野兔或野豬。

杜鵑花科

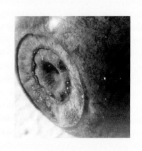

Vaccinium myrtillus

藍莓

別名：越橘（Airelle）、 矢車菊（Bleuet）、 野葡萄（Raisin Des Bois）、
Bleu、 Brimbelle 、 Gueule Noire

起源

藍莓（*myrtillus*，其拉丁名有「小香桃木」petit myrte 之意）擁有許多別名：越橘、矢車菊、野葡萄、Bleu、Brimbelle、Gueule Noire……源自北歐和亞洲，主要生長在浮日山脈和中央高原山區；藍莓是因其營養功效而被大量栽種的水果之一。

外型

藍莓為圓形漿果，直徑約 5 至 10 毫米。果皮如同果肉一樣是深紫色，由內含種子的心皮組成。

挑選與存放

不要試著在室溫存放藍莓，將藍莓冷凍後便可全年享用。藍莓解凍時會失去口感，因此適合做成冰沙、庫利、雪酪，也有藍莓乾。

品嚐

除了現摘現吃的品嚐方式，藍莓也經常被做成水果塔、果醬或果凍，開心果藍莓塔尤其美味！藍莓富含花色素苷（anthocyane）適合做成果汁和糖漿，還有冰淇淋和雪酪。也可以用來當做紫色奶酥（crumble）、馬芬蛋糕的裝飾，亦可為乳製品增添香氣。這種小水果不只是珍貴的食物資產，更是我們的童年回憶：每到暑假拿起梳耙採藍莓……

薔薇科

Mespilus germanica

歐楂

起源

歐楂和它的拉丁文名相反,並非源自德國。它生長在裏海(Caspienne)南部、高加索山、克里米亞和土耳其北部的野外,羅馬帝國時期廣佈至全歐洲。目前仍無法得知準確的起源地,因為長久以來具有非常多相似的品種。歐楂獨特的外型,使它有很多別名,例如法國東部稱其為「狗屁股」(cul de chien)、英語稱為「打開的屁股」(cul ouvert)。如今主要作為觀賞樹種;曾在美食地圖上擁有一席之地的歐楂如今已經是「被遺忘的水果」之一了。

外型

歐楂呈圓形或梨形,外觀像蘋果,直徑約 3 至 6 公分,果皮有些不平整,顏色介於橘色和棕色之間。果肉中心平整,有五顆籽;果皮色澤淡,成熟後會變成棕色。它的採收期較晚,通常在第一次結霜後,落葉之前。

挑選與存放

歐楂富含單寧和蘋果酸(acide malique),因此只有在過熟時才可食用。它含有豐富且完整的營養素(水、醣類、纖維、蛋白質、脂類、維他命、礦物質……),將歐楂去皮去籽後即可享用帶甜、微酸、有澀味的果肉。我們很難在市場上買到它,親自去採吧!

品嚐

適合長時間溫煮,可以做成果醬、果泥、糖漬,或當作水果塔的裝飾。烹調時可和富含果膠的籽一起煮,完成後再將籽瀝出即可。

胡桃科

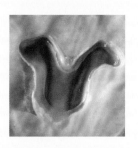

Juglans regia

核桃

起源

核桃源自亞洲山區，約西元前一世紀開始種植，隨後被希臘和羅馬人傳入西歐和北非，命名為「高盧核桃」，象徵生育力。核桃經由嫁接或種籽散佈在美洲、南非、紐西蘭和日本，現在的主要產區為中國，以及加州和伊朗，法國是第十大產區。核桃的種植面積僅次於蘋果，它的種籽需要十幾年的時間長大，還需要十二到十四年的時間才會成熟。

外型

核桃呈圓形或橢圓形，直徑或長度約為 5 公分，綠色果皮成熟後會變成棕色，並出現不規則條紋。種籽有四個扭曲的裂片，形狀像腦。1938 年，法國的格勒諾布爾（Grenoble）成為第一個獲得法定產區標章（AOC）的產區；佩里戈爾（Périgord）地區自 2002 年獲得 AOC 標章後，再於 2004 年得到原產地名稱保護（AOP）標識。這兩個產區種植很多不同品種的核桃，還有乾核桃。帶有堅果味的 Franquette 是法國最常見的品種，主要種植在多菲內（Dauphiné）和佩里戈爾（Périgord）。此外，還有 Mayette、Parisienne、Marbot、Grandjean、Corne 等品種。

挑選與存放

市售核桃有新鮮（一週內食用或存放在冰箱）、乾燥（十月開始），還有去殼留果仁的產品包裝。它富含不飽和脂肪，因此可以製作美味的堅果油，不過也因為含油量高容易變質。乾核桃需存放在乾燥通風的地方，因為有核桃殼的保護使它可以存放一整年。

品嚐

適合與鹹食（沙拉、雞肉、牛肉、豬肉、乳酪……）和甜食（蘋果、梨子、巧克力……）搭配，果仁還可以拿來裝飾餐點。

棕櫚科

Cocos nucifera

椰子

起源

椰子是椰子屬唯一的品種，散佈在熱帶地區（菲律賓、印度、印尼、法屬玻里尼西亞 Polynésie、熱帶非洲……），椰子樹源自馬來西亞或美拉尼西亞（Mélanésie）。

外型

椰子呈圓形或橢圓形，是帶核水果，長度約 20 至 30 公分，重達 2 公斤。椰子殼（綠色、橘黃色、棕色）厚實光滑，中果皮厚且富含纖維，椰子是由內果皮（果殼）和具有薄膜的種籽所組成的堅果。果肉在成熟時會因為椰汁硬化而變得硬實，呈現白色，是脂肪含量很高的水果之一（脂肪約 34%、水 46%、糖 7%、纖維 9%、其他礦物質 4%）。

挑選與存放

購買時必須選擇重的、無裂痕且無發霉斑點的椰子，它的果肉常被做成椰子汁和椰子絲，或是椰奶。帶殼椰子可以在室溫下保存一個月，開殼後可以在冰箱存放一星期。果肉和椰奶可以冷凍，椰子開殼請參見第 125 頁。

品嚐

椰子入菜打開了餐飲新視野，它新鮮、果肉香甜，可以切開、磨成絲或過篩吃。椰子粉被廣泛應用在甜點上，也可以幫助魚肉和其他鹹食增加風味，或者製作成椰子水或椰子油。椰子核（乾燥後的胚乳）淨化後脫除油味可以做成椰子奶油，自製的椰奶（或椰子奶油）是最好的，只要將果肉和水乳化在一起就完成了，可以完全替代牛奶，椰果則是由椰子水發酵成的。

科別

芸香科

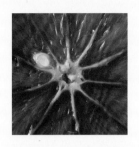

Citrus sinensis

甜橙

起源

甜橙是一種雜交品種，與苦橙（*Citrus aurantium*）有所不同，但兩者都源自印度東北部、中國和緬甸。地中海地區栽種了大量甜橙，而曾在歐洲被歸類為高級水果的甜橙，如今已成為消費市場上僅次於蘋果的水果了。位於上科西嘉聖朱利亞諾（San-Giuliano）的國家農業研究院（INRAE）是全地中海最大的柑橘類（這類水果很多都被重新分類）研究中心。

外型

甜橙呈規則圓形，漿果（柑果）直徑介於 5 至 12 公分。根據品種的不同，顆粒狀的果皮很厚，顏色從黃綠色到亮橘色和紅色都有。甜橙的果皮和其他柑橘類果皮一樣都覆蓋著很多「口袋」，它飽含芳香的氣味可以萃取成精油。甜橙的白色絨及富含果膠，取出它的中心後即可剝瓣食用。

挑選與存放

如同所有帶皮水果一樣，建議挑選有機產品。因為有時外層會覆蓋一層處理過的蠟，食用前需用水快速沖洗。甜橙在室溫下可以存放十幾天，我們可以純粹地享用甜橙果肉，也可以為了健康食用整顆充滿纖維的甜橙。

品嚐

甜橙從果皮到果汁都有無窮作用，可以製作甜點、冰淇淋和糖漬。橙汁鴨是一道經典的法國料理，唯美呈現甜橙風味。甜橙富含果膠適合做成果醬和果凍，血橙（產於一月底二月初）帶有酸甜香氣，富含色素（花色素苷），適合做成果醬。甜橙的花經過蒸餾後可以做橙花水。

芸香科

Citrus paradisi

葡萄柚

起源

葡萄柚源自加勒比海，十九世紀傳至美國（佛羅里達）後開始流行，直到二十世紀才進入法國。相較其他柑橘類水果，葡萄柚適合溫度更高的生長環境，因此栽種面積比甜橙少。葡萄柚也被簡稱作「柚子」，因為它是柚子和甜橙雜交出來的。

外型

葡萄柚呈圓形，兩端稍微扁平，大小平均約 10 公分左右。果皮為黃色或淡橘色，看起來粉粉的。果肉是黃色或粉紅色，被分層包覆在薄膜裡，有籽。粉紅色品種的葡萄柚通常比黃色品種稍甜，帶有輕微苦味和酸味。

挑選與存放

法國的葡萄柚主要從佛羅里達和以色列進口，科西嘉的葡萄柚於 2014 年獲得地理標誌保護（IGP）標章。葡萄柚非常多汁（佔總重量至少 38%）且香氣足，被國家原產地和品質研究中心（INAO）定義為「一種無籽水果，黃色果皮可能帶有橘紅色斑點……皮薄光滑……果肉從粉紅色到紫色都有。」法國的主要產區位於上科西嘉和南科西嘉，長久以來皆將葡萄柚種植於果園裡。科學研究證實，葡萄柚汁可能會增強某些藥物特性，導致副作用加劇，食用時應留意。

品嚐

被薄膜包覆成四瓣的葡萄柚可以作為前菜或甜點用湯匙享用，葡萄柚與鳳梨同為適合烹調的好食材，可透過烘烤、半火烤或當成配料。無論是白色果肉或粉紅色果肉的葡萄柚都和貝類十分相搭，微酸的滋味很適合與酪梨或蘋果一起食用。

葫蘆科

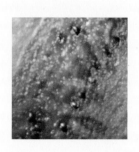

Citrullus lanatus

西瓜

起源

西瓜源自非洲和近東，西元前就廣泛種植在中亞和印度。因為西瓜、甜瓜和小黃瓜長期以來混淆在一起，因此很難追蹤它的歷史。西瓜種植於熱帶地區，法國的主要產區是沃克呂茲（Vaucluse）和魯西永（Roussillon），在沃克呂茲還可見到白色品種的西瓜。

外型

西瓜呈圓形、長條形或圓柱形，重量可達 5 公斤；它的果皮多為純綠色或帶有黑色條紋，果肉微甜有籽，有粉紅色或黃色。南法是西瓜主要產區，產出的西瓜因為富含果膠幾乎可以做成果醬。

挑選與存放

西瓜的重量（重量要與大小相符，敲起來是空心的）和微乾的蒂頭是挑選的重點，果皮必須呈現黃色光暈（不是白色），代表它是在土壤裡成熟後才採收。西瓜怕撞擊，一旦切開後只能在冰箱保存一兩天，整顆未切的西瓜可以保存一星期左右。

品嚐

西瓜含水量達 90%，從開胃菜到甜點都是絕佳的解渴水果。西瓜去籽後可將果肉打成冰沙、義大利冰沙（granité）或西班牙冷湯；西瓜和菲達起司（feta）、瑞可塔起司（ricotta）、甜瓜、番茄和薄荷搭配，可以做成沙拉；除此之外也可以切片 BBQ 或串燒。

薔薇科

Prunus persica

桃子

起源

桃子源自中國西部（而不是如同它的拉丁學名所稱來自波斯），早在西元前四千年前就開始栽種；於西元前二或一世紀在絲路傳播。中世紀時期以不同名稱傳至歐洲，隨後由西班牙傳入美國。路易十四的園丁拉昆提涅在凡爾賽宮種植了 23 種品種的桃子，不過品質並不好。桃子在中國象徵長生不老，但事實上一棵桃子樹的壽命只有十五年。

外型

桃子呈圓形或扁平，它的核帶有紋路、容易剝開；果皮顏色不一（從黃色、橘色到紅色都有）且覆蓋一層絨毛；果肉有白色或橘色，中間的核稱為「自由」（libre）。桃子種類眾多，依商業用途可分為：甜桃（Nectarine），果皮光滑，有白色、黃色和紅色；油桃（Brugnon），果皮光滑，果肉黏核。

挑選與存放

桃子薄軟的果皮（不可食用）和充滿水分的細胞幾乎無法保護果肉，十分脆弱，所以成熟後直接從樹上摘採食用是最好的辦法，不可以存放在冰箱。

品嚐

新鮮桃子鮮甜芬芳，正如其名甜桃（nectarine）；奧古斯特‧埃斯科菲耶（Auguste Escoffier）於 1894 年開發出甜點蜜桃梅爾芭（La pêche Melba）就是最成功的案例！桃子汁可以直接飲用或當成醃料，特別是和家禽類一起燒烤風味絕佳。

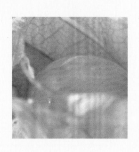

Physalis spp

燈籠果

起源

燈籠果廣布於美洲，品種眾多。小燈籠果又稱為「草莓番茄」
（Physalis grisea），生長於北美，當地美洲原住民也會採集
食用。墨西哥酸漿（Le tomatillo du Mexique，學名：*Physalis
philadelphica*）種植於美洲的歷史更早於番茄，燈籠果（*Physalis
alkekengi*）生長於南歐野外，有傳聞羅瓦爾河中部有來自印加
的秘魯燈籠果（*Physalis peruviana*）；燈籠果又被稱為「籠中愛
情」或「冬天櫻桃」。

外型

圓形的燈籠果漿果被包覆在成熟後變乾燥的條紋花萼裡，花萼
和漿果的顏色一致，根據品種不同，顏色從淡綠色、黃棕色到
紅色都有。燈籠果直徑約 1 公分，不同品種酸度不同，因此可
以生食或熟食。法國有栽種「味道像李子」的燈籠果和「小燈
籠」兩個品種，都非常酸。

挑選與存放

燈籠果一般都是盒裝，以避免撞擊。

品嚐

燈籠果是裝飾性水果，也因其帶有酸甜的香氣而被拿來運用。
有些品種可以單獨生食或做成沙拉，也可以簡單地沾巧克力醬
一口吃下。燈籠果可以做成果凍、果醬或冰淇淋，作為鹹食配
菜也很棒，例如白色魚類。

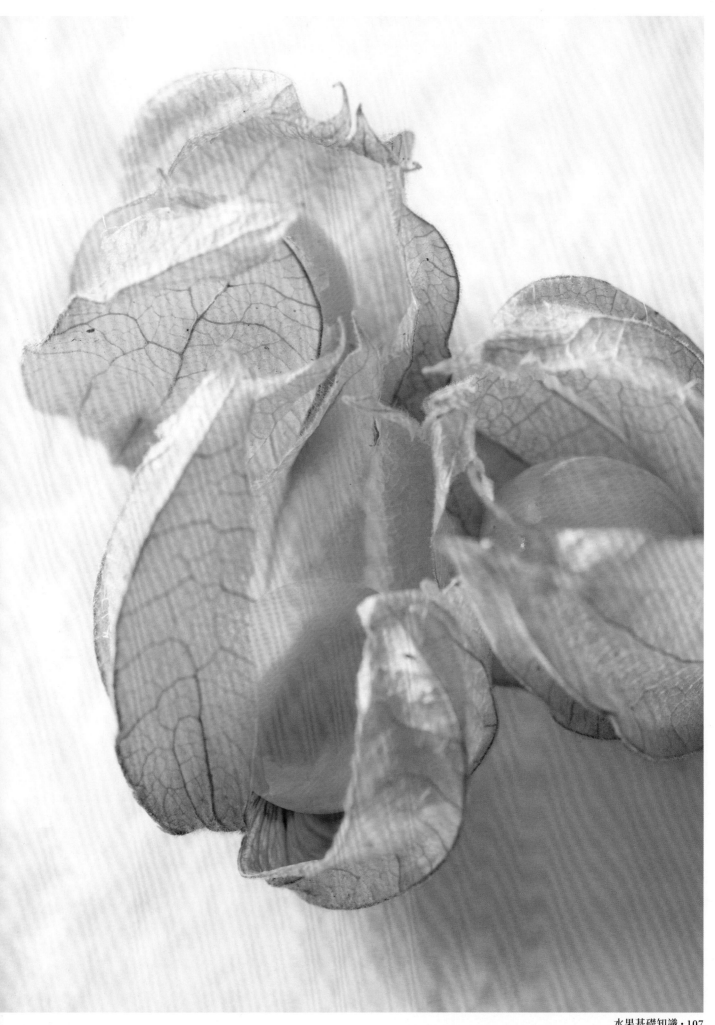

Pyrus communis

西洋梨

起源

梨子源自高加索山區，它的野生遺跡被證實自新石器時代就存在了。黎子樹的小果實又硬又澀，自希臘羅馬時期即被種植在地中海盆地，隨後傳至歐洲。梨子曾經是歐洲皇室才能享用的高級水果，路易十四的園丁拉昆提涅特別在皇家花園選了一個位置種植梨子，他將各品種的梨子分門別類，記錄它們烹調後的滋味好壞與評價。直到十八世紀初 Beurré 品種的出現，才讓梨子變成不必烹調即可生食的水果。

外型

西洋梨外觀清楚可見呈梨形或圓形，是帶籽水果，頂端有幾公分的蒂頭。依據品種不同，果皮顏色有黃色、黃綠色、金色和粉紅色；果肉從奶白色到黃色，果肉帶甜、微有粗礦感。根據西洋梨不同的採收季節和用途來區分 communis 品種，夏天的西洋梨通常是黃色的，最有名的就是 Williams 和 Docteur Jules Guyot；秋天的西洋梨色調從黃灰色到金黃色，有 Beurré d'Anjou、Berry、Conférence、Doyenné du Comice；冬天的西洋梨有 Passe-Crassane（蒂頭帶有紅色蠟）和 Angélys；用來烹調的最小品種是 Pomone。

挑選與存放

西洋梨採收後會繼續熟成，為了保留它的香氣請存放在室溫（18°C）下。

品嚐

去皮生食的西洋梨比蘋果更加多汁香甜，它容易氧化，因此可以將果肉塗上檸檬汁。水煮（加入酒、香料、糖漿……）或烤都不會讓西洋梨變形，它之所以適合烹調是因為果肉含有豐富的纖維素和纖維。Williams、Conférence、Passe-Crassane 和部分原生種，如 Curé 和 Belle Angevine，烹調後果肉還是很結實。還可以將西洋梨切成兩半去籽後作成果乾，它最知名的料理是梨海琳（la poire Belle Hélène，譯註：用糖漿浸泡梨子後，淋上巧克力醬並搭配香草冰淇淋一起享用的甜點）。

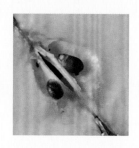

Malus x domestica

蘋果

起源

蘋果屬（*Malus*）由將近五十種品種組成，有野生的（源自千年前亞洲）也有人工栽種的，人工栽種的品種藉由嫁接和雜交有數千種品種。第一批可食用蘋果來自高加索地區，後來隨著人類的遷徙傳播出去。蘋果傳入歐洲後旋即成為最受歡迎的水果，自十六世紀開始和北美品種雜交。跟蘋果有關的象徵幾乎跟它的品種一樣多，例如連接天地的果樹是蘋果樹。即使宗教和傳統為蘋果辯護，它還是存在關於「知識、慾望和愛情」的象徵。法國有很多匯集眾多品種的蘋果園，果樹學家依據地理位置將蘋果分成三大類（北歐和東歐、西歐和中歐、南歐），即使是來自古老品種的果樹有時候也會揭露出和其他品種雜交的證明。

外型

蘋果呈圓形，為混合核水果，直徑約2至15公分（法國沒有2公分的品種）。我們以蘋果的顏色和用途來區分人工培植的品種，黃色蘋果：法國最暢銷的Golden Delicious 和 Chantecle（是由 Golden Delicious 和 Reinette Clochard 雜交的品種）、冬天產的 Calville Blanc 最稀少；紅色蘋果：有 Red Delicious 和 Ariane；綠色蘋果：以酸味聞名的 Granny Smith 和 Reinette Clochard；灰色蘋果：加拿大的 Reinette grise du Canada，果皮粗糙；雜色蘋果：有黃色和紅色的 Belle de Boskoop、 Cox's Orange Pippin 和 Cripps Pink，它們的商品名稱是 Pink Lady ®、Estre、Reinette de Brive、Fuji、Gala、Jonagold、McIntosh……；做成蘋果酒（cidre）的蘋果：Bedan（布列塔尼和諾曼第）、Kermerrien（菲尼斯泰爾 Finistère 和莫爾比昂 Morbihan）、Marin Onfroy（芒什 Manche）……

Malus x domestica

蘋果

挑選與存放

蘋果敲起來不應該是空心的，它會在採收後繼續熟成，尤其在高溫下，因此必須存放在通風處。蘋果是經過處理的水果（我們不只會在果皮上發現化學物質），未經處理的蘋果洗淨去籽後可以連皮一起吃。避免挑選過於漂亮、光華、打太多蠟的蘋果，一般果園裡可發現形狀與常見標準不一的蘋果。蘋果和香蕉一樣含有多酚氧化酶，這是一種可將蔬果（合成酚）轉化成棕色化合物醌的酶，因此切片或削皮後的蘋果需塗上檸檬汁，以防氧化變黑。

品嚐

每種味道的蘋果都有它的用途！簡單來說，蘋果中富含的纖維和果膠使它易於烹調和糖漬。不過有些品種適合烹調，有些經烹調後則會融化，可以烹調的蘋果品種有 Golden（適用於所有食譜）、粉紅佳人（Pink Lady®）……煮過後會融化的蘋果有：Belle de Boskoop（滋味酸甜）、Chantecler（質地細緻，可以存放整個冬天、很適合用烤的）、Reinette grise du Canada（微甜，不可存放太久）……富士（Fuji）適合直接食用、翠玉蘋果（Granny Smith）微酸的口感適合做成水果沙拉，加拉（Gala）和五爪蘋果（Red Delicious）滋味香甜。蘋果也可以烘乾做成蘋果片，還可以試試索米爾（Saumur）的祖傳食譜蘋果塔（pommes tapées）。

Prunus domestica

李子

起源

野生李子樹源自高加索，二十一世紀初才透過嫁接傳到近東、義大利和希臘。我們發現中世紀就有西梅李（la prune de Damas），在北美、亞洲和歐洲有很多不同品種的李子，它們從形狀、顏色到味道都有很大的不同。李子是耐寒植物可以在寒冷地區生長，但是如果剛開花就遇到結霜，果樹將無法結果。

外型

李子呈圓形或長形，是一種帶核水果。表面有一層薄果皮，帶果蠟與果粉，使外觀看起來灰灰髒髒的。李子果肉有酸或甜的，中心有籽，易於剝離。我們可以將李子區分成：圓形的黃綠色李子（reine-claude，品種名來自法蘭西一世的妻子）果肉結實帶甜、長形的紫色李子（quetsche）、小顆的金色李子（mirabelle）；品種 Agen 是由 Ente 改良出的新品種。

挑選與存放

當李子樹開花，表示可以採收的時刻已到來，但是若沒有要馬上食用，請不要先摘採下來，因為一旦採收後它就不會繼續熟成。購買時需選擇果肉夠硬，只有稍微偏軟的李子。將李子置於陰涼處可存放一個多禮拜，不過如果在採收時掉落或運輸時受損，很快就會腐爛；李子去籽後可以冷凍存放。法國有兩種紅色標章的李子：南部 - 庇里牛斯（Midi-Pyrénées）的 reine-claude de Doret 和洛林的 mirabelle。我們還可以在市場上看到美日混血的李子：Golden Japan 和 Blackamber。

品嚐

每年七月到九月是品嚐多汁鮮甜的李子的最佳季節，因為富含纖維和果膠，又有豐富的有機酸，使經過烹調的李子不只不會變色還能軟化肉質，因此常被拿來烘烤、煎煮，還可以做成果漿或果泥。reine-claude 和 mirabelle 品種很適合拿來做成水果塔、克拉芙緹塔（clafoutis）和果醬，李子也常被拿來搭配肉類和家禽一起食用。日本會將李子裹鹽發酵做成酸梅，搭配魚類很美味。

葡萄科

Vitis vinifera

葡萄

起源

野生藤本植物的葡萄生長於森林和地中海盆地河岸，隨後傳至萊茵河谷多瑙河沿岸。人工栽種的葡萄分佈在中東和高加索地區，長期以來為人們所食用。西元前兩千年，埃及和希臘開始種植葡萄；從上古時代，葡萄就被製作成發酵性飲品——酒。羅馬人將它傳入北歐；中國和印度直到西元一世紀才出現葡萄，日本則要到中世紀才有。西班牙和葡萄牙將葡萄傳入中美和南美，直到十九世紀葡萄栽種才在加州盛行，北美栽種的葡萄為嫁接歐洲的品種。根瘤蚜（phylloxéra）入侵法國葡萄園後，人們將歐洲品種的葡萄嫁接到抗菌的美國砧木（porte-greffes），才得以保留了歐洲種葡萄。在所有的文化和宗教裡，葡萄樹和葡萄都具有高度象徵意義。

外型

葡萄呈圓形或橢圓形，色澤從黃綠色到灰色、藍紫色到粉紅色和紅色都有。它薄薄的果皮覆蓋一層果粉（請參見〈李子〉第114頁），果肉酸甜含籽（3至4顆）。葡萄可以區分成釀酒用和一般食用，兩種都是黑色或白色，也可製成葡萄乾。「cépages」在法語中代表葡萄品種之意，其中又以 muscat 和 chasselas 品種最美味。

挑選與存放

葡萄串如果不夠緊密容易腐爛，應選擇莖部還是柔軟的。一般市售葡萄汁會經過低溫殺菌的工法以防止發酵。

品嚐

餐桌上新鮮現採的葡萄可做成沙拉或與其他水果一起食用，如果不希望葡萄變形，請選擇溫和的烹調方式。可以搭配白肉、家禽（例如鵪鶉）、血腸和魚。由於葡萄富含單寧，請避免將籽壓碎以防澀味。還可以做成葡萄口味的冰淇淋、雪酪、果汁……

五福花科

Sambucus nigra

接骨木

起源

考古學家在阿爾卑斯山區發現接骨木種子的遺跡，也證實了接骨木在史前時代即存在。希臘人和羅馬人的典籍都曾提及接骨木，在中世紀時期作為食物或藥物。在不同的文化中，接骨木被視為魔法之樹或帶有不祥之兆的樹木。

外型

紅黑色漿果直徑約七毫米，內含 3 至 5 顆種籽。

挑選與存放

矮接骨木為有毒品種。

品嚐

帶有香氣的接骨木小白花可用於調味或炸甜甜圈，其漿果可以生食或烹調料理，主要做成果醬、果凍和果汁。

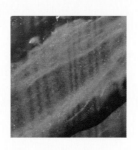

Solanum lycopersicum

番茄

起源

番茄源自秘魯或墨西哥，先傳入南歐後才緩慢地北傳，西班牙將它帶入南美洲，而普羅旺斯直到到十八世紀才開始種植。十八世紀末馬爾芒德（Marmande）和聖皮耶（Saint-Pierre）的品種才被「發明」出來，不過要說到番茄真正被當成水果販售，也不過一世紀前的事情。如今，番茄產業已經工業化，隨著需求量的增加，全年皆有生產。

外型

這種草本植物的水果依據品種不同，其大小、顏色的和味道（從酸到甜）皆有所差異，它的果皮薄，呈現黃色或半透明，顯露出果肉的顏色（橘黃色或紅色），且富含色素（β 胡蘿蔔素和茄紅素）。番茄還有紫色、黑色和粉紅色等品種，購買時要優先選擇有綠色莖依附在柄上的番茄。常見的番茄品種特性有：又圓又光滑的（我們常用它的義大利名 Pomodoro 稱呼它）、肉質飽滿的（Cœur de bœuf、Saint-Pierre、Noire de Crimée）、有稜角的（Marmande、Muchamiel）、長條型的（最經典的是 Roma 和 San Marzano，不過已被雜交的品種取代），還有櫻桃番茄（Peacevine、Prune rouge……）。路易・阿爾貝・德・布羅利（Louis Albert de Broglie）於 1998 年創立了國家番茄收藏館，館內收集了 700 種品種。

挑選與存放

番茄在採收後會繼續熟成，可存放在室溫下。避免購買塑膠包裝的番茄（冬天販售！），最好在夏天盛產時品嚐，若非產季時節，品質良好的去皮番茄罐頭確保了我們一整年都能夠嚐到鮮甜的番茄滋味；自製番茄泥可良好保存於消毒罐中。

品嚐

番茄是最常被當成蔬菜的水果之一，新鮮食用時可以沾鹽、醬料、果漿或果汁，也可以做成餡餅、火烤、燒烤、烘乾……它的食譜數之不盡；綠番茄常被做成果醬或果凍。

水果處理技巧
LES GESTES TECHNIQUES

芒果削皮

將芒果削皮。

切成兩半。

將芒果籽兩側的果肉切成長條形。

方格芒果

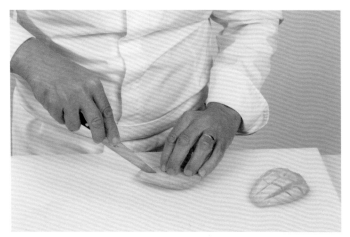

將芒果切成兩半,將果肉帶皮切成方格狀。

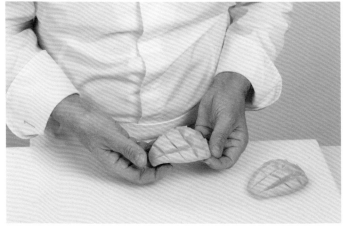

將果皮反摺,使果肉凸出。

水果處理技巧

山竹切法

將山竹從接近蒂頭處切開。

剝開山竹外殼。

取出果肉。

柿子削皮切塊

切除蒂頭。

將柿子削皮。

切成塊狀。

提取椰子汁

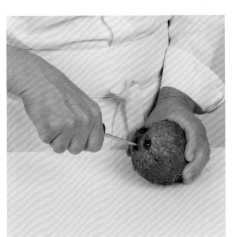

在椰子殼上鑽出三個孔洞，以便取出椰子汁。

倒出椰子汁。

用錘子將椰子殼敲成兩半。

柑橘類果肉

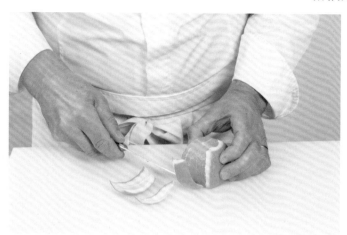

將柑橘削皮。

使用刀子……

取出果肉。

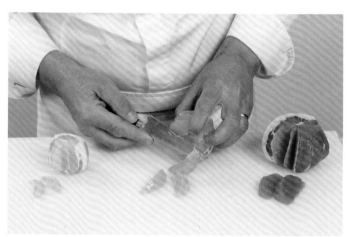

桃子去皮

用刀子在桃子頂端畫出十字，
放入沸水煮 30 秒。

取出後放入冷水中。

沿頂端十字痕跡將果皮去除。

波羅蜜果肉

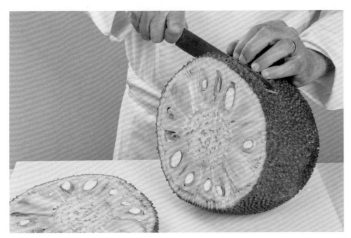

將波羅蜜切成片狀。

取出果肉。

取葡萄籽

使用刀子削去葡萄皮。

用去籽器取出籽。

栗子脫殼

將栗子脫殼。

將栗子煮熟。

趁剛煮好時，用刀子削除外皮。

取木瓜籽

將木瓜切成四瓣，用湯匙將籽刮除。

準備蘋果和梨子

用削皮器削去蘋果和梨子皮。

將蘋果和梨子塗上檸檬汁。

挖除蘋果中心的籽。

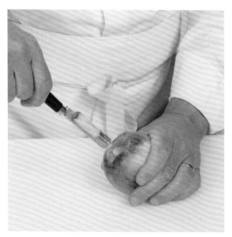

使用蘋果湯匙（une cuillère à pomme parisienne）將蘋果內部挖除乾淨。

將蘋果切成片狀。

水果處理技巧

準備楊桃

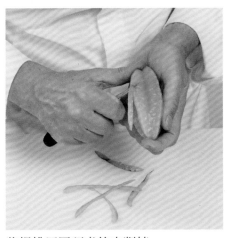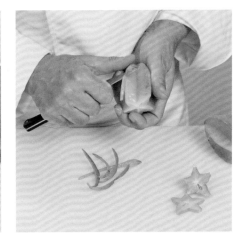

將楊桃周圍硬處的皮削掉。

奇異果切片

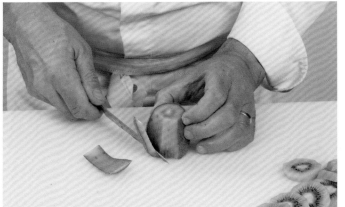

將奇異果削皮後切成圓形片狀。

提取柑橘皮

使用刮皮器削檸檬皮。

提取柑橘皮

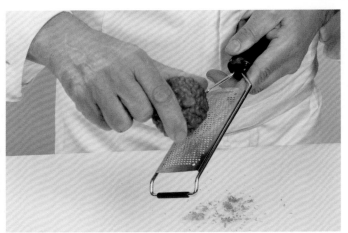

使用刨絲器取檸檬皮。　　　　　　　使用削皮器取橘子皮。

荔枝剝皮

用刀劃開荔枝皮。

剝去果皮。

取出果肉。

用手撥開果肉並取出籽。

取百香果汁

將百香果切成兩半。

用湯匙取出百香果汁。

取石榴籽

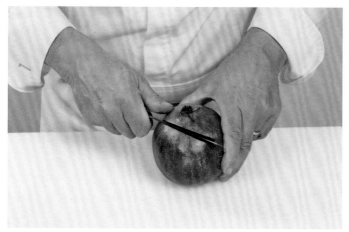

切開石榴。

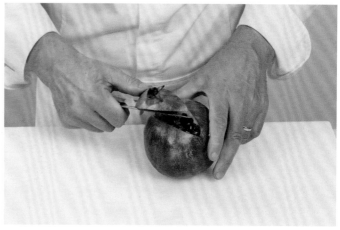

取下蒂頭。

將石榴剝成兩半。

用手取出石榴籽。

準備草莓

將草莓清洗乾淨。

取下蒂頭。

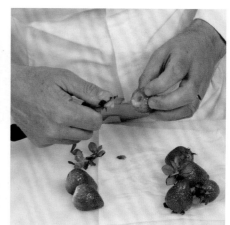

水果處理技巧

削鳳梨

切除鳳梨頭。

削皮。

去除果眼。

製作鳳梨醬

15 厘升水、10 厘升白醋、40 克紅糖、½ 顆蒜、2 片薑（5 克）、1 顆洋蔥、30 克葡萄乾、280 克鳳梨、½ 顆蘋果、20 克奶油、1 顆丁香、¼ 條肉桂、鹽、胡椒

在煮沸的水中加入醋，煮 15 分鐘。

倒入紅糖。

加入蒜末、薑末以及洋蔥泥。

煮至收汁。

加入葡萄乾、鳳梨塊、蘋果丁、奶油、丁香、肉桂。

蓋上鍋蓋，小火煮 30 到 40 分鐘，加入少許鹽和胡椒。打開鍋蓋，取出多餘（未完全收乾）的醬汁後盛入碗中。

榲桲切法

將榲桲從兩側切開。

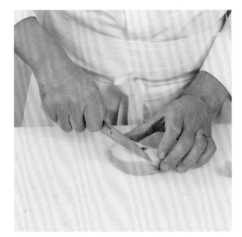

把榲桲切成方塊狀。

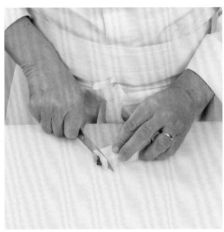

保留中間果心。

切除蒂頭。

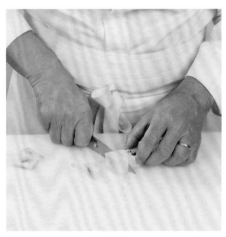

將籽周圍的果肉切開。

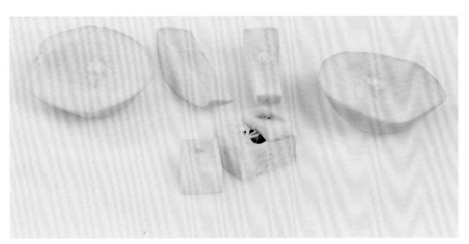

保留籽可以增加榲桲凍的香氣（請參見第134頁）。

準備榲桲凍

將榲桲削皮。

在榲桲表面塗上檸檬汁。

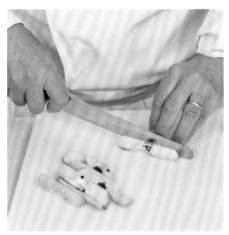

將榲桲切成長條狀，取出的籽放進紗布中。

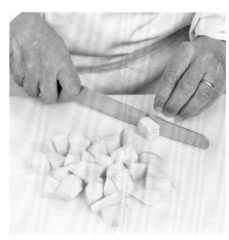

將長條榲桲切成塊狀。

備好糖漿。

將榲桲和包在紗布中的籽倒入糖漿中。

取出紗布。

瀝出糖漿。

榅桲果磚

瀝乾榅桲。

再次煮開糖漿。

加入香草莢和肉桂。

瀝出榅桲凍。

保存在密封罐中,或其他您喜歡的罐子裡。

果醬

將燙過的柑橘片和肉桂放進在沸水中煮熟,加入水和糖
(分量依用途而定)。

草莓果醬

1 公斤熟草莓、600 克糖、50 克檸檬汁、3 克果膠

將草莓切塊後加入 500 克糖。

倒入檸檬汁。

攪拌均勻後放入冰箱一晚。

取出前一天的糖漬草莓放入鍋中煮至攝氏 40 度後，加入糖和果膠攪拌均勻。

煮至 103-105 度，直到質地濃稠。倒入事先用沸水煮過的罐子後倒放。
（請參見〈果醬〉第 394 頁）

水果處理技巧

糖煮草莓蘋果

4 顆蘋果（最好選用皇后蘋果）、250 克草莓、20 克糖、½ 顆檸檬、1 根香草莢、野生香蜂草或薄荷、50 克奶油

在鍋中放入蘋果丁和草莓塊，加入糖和檸檬汁。

加少量水後用中火邊攪拌邊煮，煮沸後加入香草籽。

加入野生香蜂草或薄荷，煮一分鐘後加入奶油（可不加）。如果您喜歡柔順的口感，請在攪拌均勻後倒入沙拉碗中放涼。

柑橘果汁

用壓汁器壓柑橘類水果汁（檸檬、葡萄柚、石榴）。

按壓榨取檸檬汁。

熱果汁

將水果塊放入熱果汁機中。

在第二層鍋中加入糖。

最下層加入熱水，煮沸後蒸汽上升煮熟水果讓果汁流出。

鮮果汁

依照水果選擇將整顆、削皮或切塊的水果放入果汁機中。

打果汁

將水果（甜瓜、桃子、香蕉、杏桃）去籽去皮後放入果汁機中。

水果卡士達醬

100 克蛋、70 克細砂糖、40 克玉米澱粉（Maizena®）、500 克新鮮水果、40 克奶油

蛋打發後加入糖和玉米澱粉。

煮沸水果。

將煮過的水果舀入先前的蛋液中。

用攪拌器攪拌均勻。

再次倒入鍋中煮沸。

再次攪拌均勻後加入奶油，繼續攪拌。

您可以用草莓、覆盆子或其他水果做水果卡士達醬。

杏桃凍

200 克杏桃泥、200 克細砂糖、50 克葡萄糖、30 克奶油、4 克黃色果膠（ *pectine jaune* ）、3 克檸檬汁

在中鍋放入水果泥、200 克糖、葡萄糖和奶油。

加熱至攝氏 45-50 度。

將剩餘的糖和果膠加入拌勻。

煮至 104 度，不時地攪拌。

加入檸檬汁。

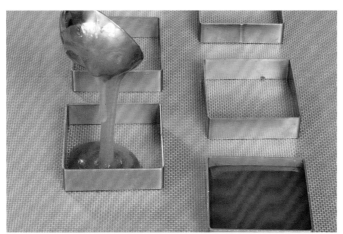

將水果泥倒入模型中，在常溫中放涼後再放入冰箱。

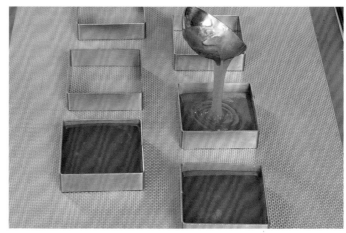

將果凍切成想要的形狀並且撒上糖。

水煮水果

完成時間：
15 分鐘

烹調時間：
5 至 10 分鐘（依據水果的成熟度）

四人份食材：
1 顆蛋、150 克糖、2 顆檸檬、1 條香草莢、
¼ 條肉桂、2 顆八角

將所有食材和糖漿煮沸後加入去皮梨子。

將烤紙剪成鍋子大小後蓋在梨子上。

確認梨子已經煮透。

將刀子插入梨子，如果插入時沒遇到阻力表示已經煮熟。

食譜

雞尾酒、果汁、早餐
COCKTAILS, JUS DE FRUITS, PETIT DÉJEUNER

完成時間
飲料製作：5 分鐘
擺盤裝飾：3 分鐘
前置準備：4 小時

器具：
量杯
雞尾酒雪克杯
榨汁機
雞尾酒過濾器
雙管虹吸氣壓瓶

20 厘升食材：
8 厘升伯爵茶（選用里昂廚師 Alain Alexanian 嚴選茶葉）
½ 顆綠檸檬
20 克百香果泥
4 厘升芒果汁（選用羅亞爾河 Tartaras 地區的 Atelier Patrick Font®）
4 厘升鳳梨汁（選用羅亞爾河 Tartaras 地區的 Atelier Patrick Font®）
2 厘升甘蔗糖漿
冰塊
波本香草精
薑末
石榴糖漿
1 管虹吸氣壓瓶常溫淡椰奶慕斯（由凝膠椰奶製成）

類別
家常雞尾酒

仕女伯爵茶酒
百香果、芒果、鳳梨、伯爵茶

LE COCKTAIL LADY GREY
PASSION, MANGUE, ANANAS ET THÉ EARL GREY

使用鳳梨汁和芒果汁製作出好喝滑順、充滿果香、清新爽口的無酒精雞尾酒。伯爵茶在口中散發出微微苦味，而百香果和香草在尾韻突顯出異國風味。

泡茶
準備濃厚伯爵茶，將 4 克伯爵茶浸入 20 厘升的攝氏 80 度熱水中，最多浸泡三分鐘，完成後放入冰箱冷藏四小時。

調酒
壓榨半顆綠檸檬汁，在雪克杯中倒入百香果泥、芒果汁、鳳梨汁、茶、甘蔗糖漿、綠檸檬汁，倒入半杯冰塊，加入薑末和些許波本香草精後，蓋上蓋子用力搖晃。

裝飾
將雞尾酒倒入高腳杯中，加入石榴糖漿。用力搖晃虹吸氣壓瓶椰奶慕斯後，將慕絲擠在雞尾酒上，撒上綠檸檬皮後立即品嚐。

完成時間
飲料製作：20 分鐘
擺盤裝飾：3 分鐘
前置準備：2 小時

器具：
量杯
玻璃醒酒壺
榨汁機
雙管虹吸氣壓瓶

8 杯食材（1 公升雞尾酒）
50 厘升皮拉高原梨子汁
（來自 Saint-Paul-en-Jarez
地區的 Maison Bissardon®）
15 厘升法國 Méridor® 琴酒
（來自羅亞爾河 Saumur
地區的 Distillerie Combier®
「倫敦三號琴酒」）
23 厘升 Marmottes 馬鞭草
利口酒（來自上羅亞爾省
Fay-sur-Lignon 地區）
12 厘升新鮮現壓檸檬汁
氣泡水
1 管虹吸氣壓瓶常溫淡香草
慕斯（由馬鞭草葉糖漿膠化
製成）
馬鞭草葉末（自由添加）

類別

家常雞尾酒

梨子、法國琴酒、MÉZENC 馬鞭草

POIRE, GIN FRANÇAIS
ET VERVEINE DU MÉZENC

梨子汁的香甜滑順和馬鞭草利口酒的清新輕盈，
再加上強度適中的琴酒將飲品的花香整體提升，
是一款優雅芬芳又易消化的雞尾酒。

調酒

在玻璃醒酒壺中加入梨子汁、琴酒、馬鞭草利口
酒、檸檬汁，混合後蓋上蓋子置入冰箱兩小時。

裝飾

再次搖晃醒酒壺後，將 2/3 的自製雞尾酒倒入高
腳杯（或香檳杯、白酒杯），然後加入氣泡水。
用力搖晃虹吸氣壓瓶常溫淡香草慕斯後，擠壓在
雞尾酒上。在慕斯表面撒上馬鞭草葉末後（自由添
加）立即飲用。

完成時間
飲料製作：10 分鐘
浸泡時間：至少 8 小時

器具：
玻璃壺
無腳杯或酒杯

1.5 公升食材

1 公升葡萄汁
100 克藍莓泥
100 克蘋果球
100 克甜瓜球
50 克新鮮藍莓
50 克油桃塊
2 片甜橙圓片
1 條由香草莢取出的香草籽
10 顆丁香
10 顆尼泊爾胡椒
1 茶匙法國四香粉（4-épices，
一種混合香料，包含胡椒、
丁香、肉荳蔻、薑等）

裝飾
薄荷或馬鞭草葉
球形冰塊（可自由添入杯中）
方形冰塊（可自由添入玻璃壺）

類別
果汁

季節
春夏

無酒精桑格利亞水果酒

SANGRIA SANS ALCOOL

朋友聚會的最佳飲品當屬桑格利亞水果酒。
這款無酒精食譜帶有強烈的水果芳香，
其中添加的香料會在口中併發出與酒精版桑格利亞水果酒相似的味道。

準備

在大玻璃壺中倒入葡萄汁和藍莓泥後攪拌均勻，
將所有水果放入壺中，加入香料，蓋上蓋子後放
入冰箱最少 8 小時。

裝飾

在玻璃壺中放入漂亮的方形冰塊，用薄荷或馬鞭
草葉裝飾。在每個杯子裡放入球形冰塊後，從玻
璃壺中瀝出果汁，裝飾杯子。

完成時間：**2 分鐘**

器具：
攪拌機
海波杯

30 厘升食材
1 根香蕉
10 厘升新鮮現壓鳳梨汁
5 厘升椰子泥
1 茶匙野生蜂蜜
½ 茶匙無糖可可粉
蘋果片

類別
冰沙

季節
秋冬

香蕉、椰子、鳳梨
BANANE, NOIX DE COCO, ANANAS

果香滑順的果汁融合野生蜂蜜和可可粉的香味，
一款為您開啟美好一天的飲品。

準備
將所有食材放入攪拌機中攪拌。

裝飾
倒入裝有冰塊的杯子，在杯子上以幾片蘋果
片裝飾。

完成時間
飲料製作：2 分鐘
擺盤裝飾：15 分鐘

器具：
攪拌機

小顆西瓜食材：
1 顆小西瓜

200 克西瓜果肉
100 克櫻桃（去籽）
1.5 厘升綠檸檬汁
6 厘升蔓越莓汁
5 厘升花香琴酒
4 顆冰塊

類別
果汁＆微酒精

蒸餾酒
琴酒

西瓜、櫻桃、蔓越莓、綠檸檬
PASTÈQUE, CERISE, CANNEBERGE, CITRON VERT

西瓜消暑，櫻桃滋味醇厚，再加上蔓越莓獨特的輕微澀味在口中散開。
最後的綠檸檬汁將所有味道融合，是一款適合炎熱夏季的超級清涼雞尾酒。

準備
裝飾西瓜。
將西瓜果肉、櫻桃、綠檸檬汁、蔓越莓汁和琴酒混合
後，保存在密封罐中放入冰箱。

裝飾
用攪拌機攪拌果汁和四顆冰塊，倒入已裝飾的西瓜
皮內。

完成時間：
飲料製作：2分鐘
擺盤裝飾：15分鐘

器具：
攪拌機
雪克杯
香檳杯

30厘升食材
果汁
200克草莓（去蒂頭）
200克椰子泥
100克荔枝泥
6厘升綠檸檬汁

5.5厘升檸檬馬鞭草酒
（Verveine du Velay®）
冰塊
馬蜂橙皮（自由添加）

類別
果汁&微酒精

蒸餾酒
檸檬馬鞭草酒（Verveine du Velay®）

草莓、可可、荔枝、綠檸檬
FRAISE, COCO, LITCHI, CITRON VERT

檸檬馬鞭草酒（Verveine du Velay®）富含植物香氣，荔枝增添花香，
這是一款像奶昔一樣滑順，滋味甜美，能夠提振精神的植物性雞尾酒。

準備
將所有食材放入攪拌機攪拌至光滑柔順，保留20厘
升果汁製作雞尾酒。

裝飾
在雪克杯的杯蓋裝滿冰塊，將果汁和檸檬馬鞭草酒倒
入杯中。取出杯蓋內融化的冰塊（冰塊在搖晃時遇熱
會融化），蓋上雪克杯後大力地快速搖晃。倒出雞尾
酒，撒上馬蜂橙皮裝飾。

完成時間
飲料製作：2 分鐘
擺盤裝飾：5 分鐘

器具：
榨汁機
攪拌機
酒杯

20 厘升食材（4 至 5 杯）：
130 克草莓
60 克藍莓
30 克覆盆子
15 厘升大黃汁

類別
新鮮果汁

季節
春夏

藍莓、草莓、覆盆子、大黃
MYRTILLE, FRAISE, FRAMBOISE, RHUBARBE

當鮮甜紅莓果遇上新鮮大黃……

準備
用榨汁機榨取大黃汁後，在攪拌機中放入 15 厘升大
黃汁、去除蒂頭的草莓、藍莓和覆盆子，攪拌均勻。
將果汁倒入密封罐中，放入冰箱。

裝飾
搖晃密封罐後，將果汁倒入杯中；另外準備幾顆新鮮
紅莓果和當季鮮花一起食用。

完成時間
飲料製作：2分鐘
擺盤裝飾：15分鐘

器具：
榨汁機
攪拌機
馬丁尼雞尾酒杯

20厘升食材（4至5杯）：
150 克新鮮甜瓜汁
100 克 Bergeron 杏桃
180 克黃油桃
繡線菊（自由添加）

類別
新鮮果汁

季節
春夏

杏桃、桃子、甜瓜
ABRICOT, NECTARINE, MELON

由刺激味蕾的微酸 Bergeron 杏桃、香甜油桃和新鮮甜瓜組成輕柔滑順，
清涼無比的夏季果汁。

準備
用榨汁機榨出甜瓜汁後，在攪拌機內放入去籽杏桃、
去籽油桃、甜瓜汁（和繡線菊）攪拌均勻。將果汁倒
入密封罐中，放入冰箱。

裝飾
用力搖晃密封罐後，將果汁倒入杯中，用湯匙挖甜瓜
球和油桃球裝飾杯子。

新鮮血橙和胡蘿蔔是完美搭配,「果香濃郁、微酸感」的冰滴咖啡可以延長味蕾的感受時間、品嚐到水果香和烘烤的香氣,最後的香草則將所有氣味連結在一起。

完成時間
飲料製作:1 分鐘
冰滴咖啡:6 小時

器材:
榨汁機
冰滴咖啡壺
公杯
馬丁尼雞尾酒杯
有蓋玻璃杯

30 厘升食材(1 杯):

3 厘升冰滴咖啡
或放涼的手沖咖啡
6 厘升新鮮血橙汁
6 厘升新鮮柑橘汁
4.5 厘升胡蘿蔔汁
冰塊

冰滴時間:6 小時

30 厘升食材(1 杯):

50 克咖啡
580 克水和冰塊

類別　　　　　　　　季節

新鮮果汁　　　　　　秋冬

血橙、胡蘿蔔、咖啡

ORANGE SANGUINE,
CAROTTE, CAFÉ

準備

將準備好的冰滴咖啡放入冰箱,用榨汁機鮮榨三種水果汁,把鮮果汁倒入密封罐中放入冰箱。

裝飾

在公杯中裝滿冰塊,待公杯冰鎮後,倒出融化的冰塊(冰塊與杯子接觸後會因為熱度而融化)。

將果汁倒入放滿冰塊的公杯中,輕輕攪拌均勻,讓味道完全融合。將果汁倒入杯中,裝飾杯子。

(1) 冰滴咖啡製作方法

先將冰滴咖啡壺組裝好。

將 50 克咖啡豆磨成義式咖啡機或法式濾壓壺適用的粗粒咖啡粉。

將咖啡粉放入咖啡粉杯中。

滴水淋濕咖啡粉。

在咖啡粉上蓋上中空濾紙。準備滴水管。

在最上方的盛水瓶中倒入冰塊和水。將冰滴流量速度調成一秒一滴水。接著,耐心等待!

當冰滴咖啡完成時,您會得到一杯濃厚、充滿花蜜香且甜感香氣十足的冰滴咖啡。飲用前先將咖啡壺搖晃均勻,讓咖啡香氣充分融合。

藍莓布里歐許麵包

BRIOCHETTES
AUX MYRTILLES

完成時間：**1 小時 30 分鐘**
烘烤時間：**15 分鐘**
發酵時間：**20 至 30 分鐘**
靜置時間：**14 小時**

10 顆麵包食材：

52 克 T65 麵粉
210 克小麥粉
5 克鹽
37 克細砂糖
10 克麵包酵母
47 克全脂牛奶
118 克全蛋
120 克軟化奶油
100 克野生藍莓
38 克臻果粉
76 克糖粉
46 克蛋白
38 克玉米澱粉（Maïzena®）
80 克松子

前一天

將麵粉、鹽、糖、酵母、牛奶和蛋放入有掛勾的攪拌盆中，以 1 速攪拌五分鐘後，再以 2 速攪拌五分鐘。

當麵團打出筋性成形後，加入切小塊的奶油，繼續將麵團攪拌到光滑。讓麵團發酵 20 至 30 分鐘，再用保鮮膜包好後放入冰箱一晚。

當天

將麵團分成 60 克一塊。

將麵團桿成正方形，在中間放入 10 克冰凍過的野生藍莓。將藍莓包在麵團中，桿成長方形，然後折三折，揉成球狀。

將麵團放入圓形模具中，在攝氏 25 至 30 度的潮濕室溫下靜置 2 小時。

用攪拌棒將臻果粉、糖粉、蛋白、玉米澱粉（Maïzena®）攪拌均勻，放入擠花袋中。在每顆發酵後的麵團上擠 2 克，再撒上松子。

放入烤箱以攝氏 165 度烤 15 分鐘。

芒通檸檬蛋糕

CAKE MOELLEUX
AU CITRON DE MENTON

完成時間：**1 小時**
烘烤時間：**50 分鐘**

4 人份食材（1 條蛋糕）：
蛋糕
175 克全蛋
225 克細砂糖
120 克白乳酪
175 克 T55 麵粉
3 克發酵粉
75 克奶油
2 顆檸檬皮
2 顆柳橙皮

糖漿
20 厘升水
80 克細砂糖
2 厘升蘭姆酒
1 顆芒通檸檬（榨汁）
4 片檸檬片

蛋糕

將烤箱預熱至攝氏 165 度。

用攪拌器將蛋和糖打成沙巴雍（sabayon），加入白奶酪、麵粉、發酵粉，最後放入以攝氏 45 度融化後的奶油和柳橙皮，再次打勻。

將麵糊倒入模具高度約 3/4 處，放入烤箱烤 50 分鐘。

糖漿

在鍋中將水和糖煮製糖漿，離火後加入蘭姆酒和檸檬汁。將糖漿倒進烤盤。

將蛋糕浸潤在溫熱的糖漿中。

將檸檬圓片放入糖漿中糖漬。

用檸檬圓片裝飾蛋糕。

香蕉蛋糕

CAKE TENDRE
À LA BANANE

完成時間：**1 小時**
烘烤時間：**1 小時**

6 人份食材（1 條蛋糕）

蛋糕
65 克全蛋
110 克細砂糖
85 克紅糖
155 克 T55 麵粉
8 克發酵粉
135 克奶油
225 克香蕉泥
1 克鹽

糖漿
20 厘升水
80 克細砂糖
20 克檸檬利口酒
18 克蘭姆酒（自由添加）

蛋糕

將烤箱預熱至攝氏 165 度。

用攪拌器將蛋和糖打成沙巴雍（sabayon），加入麵粉和發酵粉，最後放入融化奶油、香蕉泥、鹽再次打勻。

將麵糊倒入模具高度約 3/4 處，放入烤箱烤 1 小時。

糖漿

在鍋中將水和糖煮製糖漿，離火後加入檸檬利口酒和蘭姆酒（自由添加）。

將糖漿倒進烤盤。

將蛋糕整顆浸潤在溫熱的糖漿中。

巴德威優格（Crème Budwig）是我每天最喜歡的早餐，因為它富含維他命、纖維和必需脂肪酸，為我開啟完美的一天。

巴德威紅莓優格

CRÈME BUDWIG
AUX FRUITS ROUGES

完成時間：**15 分鐘**
浸漬時間：**12 小時**

8 人份食材：

400 克零脂肪白乳酪
110 克亞麻籽油、紅花籽油、葵花子油（可選用富含多元不飽和脂肪酸的初榨冷壓油）
5 茶匙花香蜂蜜
150 克堅果
（核桃、榛果、杏仁）
4 顆柳橙
4 顆檸檬

300 克混合穀物：
小米、燕麥、蕎麥、小麥、米

夏季水果
8 顆草莓
1 串紅醋栗
8 棵黑莓
150 克藍莓

前一晚

將白乳酪、油、蜂蜜和一杯水混合，再加入堅果和第二杯水後，放入冰箱浸漬至隔天早上。

當天

加入鮮榨柑橘汁和切塊的當季水果，優格質地必須柔軟滑順，必要時可以加入礦泉水調和。

完成後，倒入大碗中以莓果和其他當季水果裝飾。

您可以選用新鮮水果或煮過的水果，冬天可以選擇香蕉、鳳梨、蘋果，夏天可以選用富含抗氧化劑的莓果，例如：覆盆子、草莓、櫻桃、桑椹、藍莓⋯⋯根據不同季節選用不同水果，是製作水果優格最大的樂趣。

紅莓舒芙蕾歐姆蛋佐香蜂花

**L'OMELETTE SOUFFLÉE
AUX FRUITS ROUGES
ET À LA MÉLISSE DES BOIS**

完成時間：**30 分鐘**
烹調時間：**5 至 6 分鐘**
等待時間：**10 分鐘**

6 人份食材：

紅莓果
100 克覆盆子
100 克紅醋栗
50 克藍莓
20 克奶油
20 克細砂糖
1 把野生香蜂花

歐姆蛋
3 顆蛋
70 克細砂糖
20 克奶油
糖粉

紅莓果

將紅莓果洗淨擦乾，把覆盆子對半切。

將奶油和一半水果放入鍋中以中火翻炒，加入糖、3 厘升水、香蜂花，蓋上鍋蓋後煮 1 至 2 分鐘。關火靜置。

約 10 分鐘後，將鍋中水果和果汁分別倒入不同的沙拉碗中。

歐姆蛋

分離蛋白與蛋黃。

將蛋黃和糖放入攪拌盆中，用攪拌器打發。

將蛋白打發成白雪狀，用刮刀將蛋黃分兩次倒入。

烤箱預熱至攝氏 160 度。

開大火融化鍋中奶油，倒入歐姆蛋汁，攪拌後放入烤箱 2 至 3 分鐘。

將鍋子從烤箱中取出，以糖漬水果裝飾。

將歐姆蛋捲進烤紙後，再次放入烤箱 2 分鐘。

將歐姆蛋盛盤，撒上糖粉並以紅外線烘烤機加熱表面。

用剩餘的新鮮水果裝飾盤子，最後淋上紅莓果醬。

水果麵包

PAIN AUX FRUITS

完成時間：**3 小時 30 分鐘**
烹調時間：**25 分鐘**
等待時間：**2 至 3 小時**

8 人份食材（8 顆麵包）：

麵團
425 克 T65 麵粉
25 克 T130 裸麥麵粉
50 克 T150 麵粉
10 克細鹽
8 克新鮮酵母
33 克水
10 克奶粉
25 克奶油

200 克混合果乾：
榛果、無花果、杏桃、
蔓越莓、開心果、李子、葡萄

麵團

在有倒鉤的攪拌器中放入所有食材，以 1 速打 3 分鐘後，再以 2 速打 5 分鐘。

以 1 速加入果乾。

麵團攪打好後，溫度不可高於攝氏 24 度。

在常溫下放置 1 小時後，用布將麵團蓋上，冷藏在攝氏 5 度的冰箱中。

把麵團切成 250 克一條。

將麵團放入小蛋糕的模具中。靜置發酵 1 至 2 小時。

將烤箱預熱至攝氏 250 度。

用刀片輕輕地在麵團上劃一條線，放入烤箱烤 10 分鐘。將溫度調降至攝氏 200 度，續烤 15 分鐘。

紅莓法式吐司

PAIN PERDU
AUX FRUITS ROUGES

完成時間：**45 分鐘**
烹調時間：**2 至 3 分鐘**

4 人份食材：

奶昔
100 克 35%MG 鮮奶油
100 克全脂牛奶
100 克豆蔻刨冰
10 克細砂糖
20 克草莓

法式吐司
5 顆蛋
60 克細砂糖
50 克全脂牛奶
1 片香草奶油吐司
30 克奶油

卡士達鮮奶油
（Diplomate vanille）
25 厘升全脂牛奶
½ 條香草莢
3 顆蛋黃
35 克細砂糖
25 克玉米澱粉（Maïzena®）
80 克打發鮮奶油（crème
fouettée）

紅莓果
300 克紅莓果
（紅醋栗、藍莓、草莓）

草莓醬
250 克去蒂頭草莓
5 厘升礦泉水
20 克細砂糖

奶昔

將所有食材放入攪拌器中打成慕斯狀，冷藏保存。

法式吐司

將蛋、糖、牛奶打勻後，把 3x6 公分的奶油吐司浸入蛋液中。在鍋中放入奶油，用中火將吐司每面煎至焦黃。

卡士達鮮奶油

以中火將牛奶和 1/2 條香草莢籽煮沸，將蛋黃、糖、玉米澱粉、些許牛奶打勻後倒入鍋中。將剩餘牛奶倒入鍋中，用攪拌棒在鍋中攪拌至煮沸，數 30 秒後將鍋中液體倒出，靜置冷卻。

冷卻後，倒入鮮奶油輕輕拌勻。

紅莓果

洗淨紅莓果，用布擦乾。

草莓醬

將所有食材放入果汁機中攪拌，過篩瀝出草莓醬。

裝飾

將溫熱的法式吐司放在盤中央，擠上卡士達鮮奶油、淋上果醬和醬汁，在盤子周圍擺上紅莓果，奶昔另外倒入杯中。

前菜、沙拉、濃湯
ENTRÉES, SALADES, PETITES SOUPES

水煮蘆筍佐血橙荷蘭醬、葡萄柚與番紅花
172

甜菜根糖果佐接骨木
174

檸汁醃鯿魚佐椰奶石榴汁
176

百香果胡蘿蔔濃湯
178

葡萄佛卡夏
180

香煎鵝肝佐薔薇果
182

花椒金桔煎鵝肝
184

草莓西瓜冷湯
186

綜合水果肉派
188

石榴番茄甜椒水波蛋
190

希斯特北極紅點鮭佐糖漬紅醋栗
192

鷹嘴豆木瓜沙拉
194

溫蔥佐奇異果醋
196

柚子酪梨小龍蝦沙拉佐歐當歸
198

苦苣、蘋果、椰棗、格勒諾布爾核桃沙拉
200

栗子、柿子、葡萄沙拉
202

白腰豆柑橘沙拉
204

芒果鮮蝦沙拉佐山竹
206

番茄草莓瑞可塔起司沙拉
208

醃漬鮭魚佐荔枝與奇異果
210

薄荷甜瓜湯佐鄉村火腿串
212

草莓、藍莓、黎麥塔布勒沙拉佐辣薄荷
214

法式韃靼水果蔬菜佐番茄草莓庫利
216

藍紋起司濃湯佐翠玉青蘋果
218

紅栗南瓜濃湯佐梨子、栗子與冬季松露
220

蘆筍椰奶冷湯
222

水煮蘆筍佐血橙荷蘭醬、
葡萄柚與番紅花

ASPERGES PAMPLEMOUSSE
SAFRAN SAUCE MALTAISE

完成時間：**40 分鐘**
烹調時間：**8 至 12 分鐘**

4 人份食材：

蘆筍
12 根白蘆筍或綠蘆筍

配菜
1 根青蔥
½ 顆茴香
1 撮番紅花
1 顆葡萄柚
20 克紅洋蔥泡菜
20 克糖漬檸檬
2 厘升檸檬醋或蘋果醋
橄欖油
鹽、胡椒

沙巴雍
3 顆 Maltaise 柳橙
200 克無鹽奶油
2 顆蛋黃
1 顆蛋
幾滴檸檬汁

裝飾
車窩草（細葉香芹）
龍蒿、豆苗

蘆筍

蘆筍去皮，用煮沸鹽水（英式做法）川燙 8 至 12 分鐘，保持脆口感。取出蘆筍放入冰水中，瀝乾備用。

配菜

在鍋中加些許油翻炒洋蔥末和川燙過的茴香丁，加入一點水後蓋上鍋蓋悶煮；最後再放入些許番紅花、鹽、胡椒。

葡萄柚去皮，將果肉切成塊狀；加入洋蔥泡菜、糖漬檸檬、葡萄柚塊、檸檬醋或蘋果醋後放入冰箱。

沙巴雍

將柳橙汁以中火煮至剩 3/4，另外起鍋將奶油融化備用。

在沙拉碗中放入蛋黃、全蛋、幾滴檸檬汁、柳橙汁、融化奶油後攪拌均勻，放入有氣管的虹吸氣壓瓶中。

盛盤

在蘆筍中間劃一刀，填入餡料。冷卻後以豆芽和香草裝飾，淋上沙巴雍。

甜菜根糖果佐接骨木

BONBONS DE BETTERAVE
AUX BAIES DE SUREAU

完成時間：**45 分鐘**
烹調時間：**3 小時**

10 人份食材：

2 顆甜菜根（Betterave Rouge）
1 顆紅洋蔥
50 克奶油
1 片月桂葉
100 顆接骨木莓
接骨木醋
6 片 2 克吉利丁（12 克）
50 厘升水
百里香
1 顆基奧賈甜菜根（Betterave Chioggia，切片裝飾用）
榛果油
1 顆紅蔥頭末
鹽、胡椒、糖

將烤箱預熱至攝氏 150 度。

甜菜根削皮，洗淨後切成大塊。洋蔥切片。

在鍋中放入奶油，以中火翻炒洋蔥 3 至 4 分鐘，加入甜菜根、月桂葉，以些許鹽、胡椒、糖調味。

在鍋中加滿水，煮沸後蓋上鍋蓋，放入烤箱 3 小時，直到甜菜根軟化。

瀝出甜菜根，用攪拌器將甜菜根與接骨木莓打成泥（保留幾顆接骨木莓做裝飾），在果泥中加入些許接骨木醋。

倒入半月形模具，放入冰箱。

將吉利丁片放入冷水中。

水煮百里香，煮沸後加入瀝乾的吉利丁做成果凍。

用叉子將由甜菜根與接骨木泥做成的糖果浸入果凍中，果凍會自動包覆糖果，再放入冰箱。

將基奧賈甜菜根切片，淋上榛果油和紅蔥頭末。

檸汁醃鯿魚佐椰奶石榴汁

CEVICHE DE DAURADE
À LA GRENADE
ET AU LAIT DE COCO

完成時間：**20 分鐘**
醃製時間：**20 分鐘**

4 人份食材：

1 顆石榴
600 克鯿魚片
1 顆綠檸檬
1 茶匙新鮮薑末
1 顆紅洋蔥
20 厘升椰奶
2 顆酪梨
30 克香菜葉
鹽
艾斯佩雷辣椒粉（Espelette）

兩顆椰子（裝飾）

剖開石榴，取出一半種籽（請參照第 131 頁），將剩餘種籽打成果汁。

洗淨鯿魚片，拭乾，切成 0.5 公分大小；加入檸檬汁、薑末、紅洋蔥末。
將所有食材放入沙拉碗中，淋上椰奶和綠檸檬汁，用鹽和辣椒粉調味。
放入冰箱醃製 15 至 20 分鐘。

將酪梨去皮切成塊狀。
香菜切段。
將食材加入醃魚，試味道。

剖開椰子，倒出椰子汁。
將檸汁醃鯿魚倒入椰子殼中。

將椰奶和石榴汁打在一起，冰鎮後和檸汁醃鯿魚一起享用。

百香果胡蘿蔔濃湯

CRÈME DE CAROTTES
AUX FRUITS DE LA PASSION

完成時間：**1 小時**
醃製時間：**50 分鐘**

8 人份食材：

2 顆中型洋蔥
2 顆蒜
30 克新鮮薑
400 克胡蘿蔔
½ 把檸檬香茅
1 升蔬菜湯
2 顆八角
10 顆百香果
80 克奶油
香菜葉
橄欖油
鹽

將洋蔥、蒜、薑、胡蘿蔔去皮，和檸檬香茅一起切成絲。

在小湯鍋中加入橄欖油，以小火翻炒食材 2 至 3 分鐘，加入冷蔬菜湯和少許鹽。

加入八角，蓋上鍋蓋以小火煮 45 至 50 分鐘，直到胡蘿蔔熟透。

挖出百香果汁和種籽，瀝出果汁，保留幾顆種籽做裝飾。

以中火將奶油在鍋中加熱，直到呈現焦糖色。在鍋中倒入百香果汁，攪拌均勻後，將上述所有食材倒入湯鍋中。

盛入湯碗或大碗，用幾顆百香果種籽和香菜葉裝飾。

葡萄佛卡夏

FOCACCIA DES VENDANGEURS

完成時間：2 小時
烹調時間：25 分鐘
靜置時間：1 小時 45 分鐘至
　　　　　2 小時 15 分鐘

4 人份食材：
7 厘升橄欖油
400 克 T45 麵粉
8 克鹽
8 克新鮮酵母
28 厘升水

配菜
40 克黑葡萄
（麝香葡萄或其他）
4 顆蘑菇
2 根青蔥
150 克新鮮羊乳酪

擺盤
5 厘升橄欖油
1 茶匙糖粉

配料
芝麻葉、薄荷、巴西里

在揉麵機中加入麵粉和 5 厘升橄欖油，打成光滑麵團。

五分鐘後放入鹽和酵母（加水稀釋），再打 10 分鐘。放入冰箱發酵 15 分鐘。

取出麵團，加入剩餘橄欖油，再用低速打麵團；慢慢加速，直到麵團呈現光滑黏稠狀。

將 30 公分的圓形模具塗上奶油後，放入麵團；在表面蓋上一張烤紙，讓麵團在常溫中發酵 1 小時 30 分鐘至 2 小時，麵團會漲大兩倍。

將烤箱預熱至攝氏 200 度，在麵團中放上葡萄、蘑菇塊、洋蔥，烤約 25 分鐘。

取出佛卡夏，撒上乳酪塊、塗橄欖油、灑糖粉；最後用芝麻葉、薄荷、其他香草裝飾。

香煎鵝肝佐薔薇果

FOIE GRAS POÊLÉ
AUX BAIES D'ÉGLANTIER

完成時間：**45 分鐘**

4 人份食材：

1 塊鵝肝
1 把薔薇果

薔薇果泥
250 克薔薇果
100 克雷內特蘋果（Reinette）
50 克細砂糖

薔薇果汁
5 厘升覆盆子醋
5 厘升紅酒
20 克細砂糖
10 厘升肉汁
10 克奶油

配菜
15 克熟黎麥
50 克烤榛果末

奶油
鹽、胡椒

薔薇果泥

以冷水清洗薔薇果，蘋果削皮、去籽、切塊。

在鍋中放入薔薇果、蘋果、糖，加入些許水，用小火煮沸後，蓋上鍋蓋悶煮約 30 分鐘。

煮好後瀝出果泥，保留果汁做醬汁。

將果泥和奶油打成果醬。

薔薇果汁

在鍋中將覆盆子醋、紅酒、糖煮至剩 3/4 量，加入些許肉汁和薔薇果汁。

繼續煮滾至質地呈現糖漿狀，加入奶油讓醬汁口感柔順。

煎鵝肝

將鵝肝切 2 公分厚，用大火熱鍋將鵝肝兩面煎至金黃。關火，此時鵝肝表面熟成，裡面是溫熱的；最後撒上鹽、胡椒。

擺盤

用奶油煎薔薇果 2 至 3 分鐘。

將熟黎麥、榛果末放入盤中央。

加入幾滴薔薇果醬。

將鵝肝放在黎麥上。

在盤子周圍撒上薔薇果和烤榛果末。

花椒獨特的香氣讓人聯想起柑橘，這份食譜正是將花椒和金桔結合。

完成時間：45 分鐘
烹調時間：20 分鐘

4 人份食材：

糖漬金桔
8 顆金桔
1 湯匙蜂蜜
½ 顆檸檬汁

金桔胡蘿蔔泥
2 條新鮮胡蘿蔔
½ 茶匙孜然粉
奶油

金桔醬
10 厘升柳橙汁
1 茶匙薑絲
10 片金桔圓片
1 茶匙紅糖
10 厘升鴨肉汁
百里香
奶油
花椒

鵝肝
4 片 60 克鵝肝

配菜
8 片金桔片

鹽、胡椒

花椒金桔煎鵝肝

FOIE GRAS POÊLÉ AUX KUMQUATS RELEVÉ DE POIVRE DE TIMUT

糖漬金桔

用熱水洗金桔，切成兩半後放入鍋中，加入蜂蜜和檸檬汁，以小火烹煮。煮約 10 分鐘，金桔會呈現些微焦糖色；關火，將金桔壓碎。保留幾片金桔做裝飾。

金桔胡蘿蔔泥

胡蘿蔔削皮放入鍋中，加入些許水、加熱奶油、鹽、一撮孜然粉，翻炒後悶煮。

等到食材完全軟化（保留幾塊做裝飾），用攪拌機攪拌至光滑狀，加入糖漬金桔，試味道後，繼續保溫。

金桔醬

在鍋中加入柳橙汁、薑絲、金桔圓片、百里香、紅糖，用小火煮至 3/4 量後，加入肉汁，再次煮沸。最後加入熱奶油、鹽、花椒，持續保溫。

鵝肝

將鵝肝片常溫退冰 15 分鐘。

用大火熱鍋，溫度到達後放入鵝肝片，兩面煎至上色。撒上鹽、胡椒、水，將刀鋒插入鵝肝確認熟度，內部必須是溫熱的，準備就緒！

擺盤

將些許金桔胡蘿蔔泥倒入盤中，鵝肝放入盤中央，再放上些許糖漬金桔。

在胡蘿蔔塊上放一片金桔，淋上醬汁。

草莓西瓜冷湯

GASPACHO DE TOMATES, PASTÈQUE ET FRAISES

完成時間：**20 分鐘**
烹調時間：**5 分鐘**

4 人份食材：

250 克西瓜
200 克草莓（選用 Mara des bois 或 Elsanta 品種）
200 克甜番茄
1 顆洋蔥
8 片巴西里
10 厘升葡萄柚汁或柳橙汁
5 厘升巴薩米克醋
12 厘升橄欖油
塔巴斯科辣椒醬（Tabasco®）
鹽

將西瓜去皮，洗淨草莓和番茄。洋蔥切片，水果切塊。

將所有食材混合在一起，加入些許鹽、塔巴斯科辣椒醬、巴西里葉、葡萄柚汁、柳橙汁、巴薩米克醋，攪拌均勻。將果汁過篩瀝出，慢慢地加入橄欖油，用攪拌棒再次攪拌均勻。

冰鎮後倒入杯中享用。

綜合水果肉派

LE PÂTÉ EN CROÛTE
« MULTI-FRUITS »

完成時間：2 天
烹調時間：1 小時
鹽醃時間：12 小時
醃製時間：24 小時

15 人份食材：
150 克豬頸肉
150 克新鮮五花肉
150 克豬喉
200 克鵝肝
100 克小牛肉
100 克鴨肉
100 克雞肝
40 克紅蔥頭
50 克綠色開心果
25 克堅果
25 克松子
20 克平葉巴西里
100 克蘑菇
15 克波特酒
50 克肉汁
奶油

水果乾
25 克去籽李子
25 克蔓越莓
25 克軟杏桃
25 克去籽椰棗

麵團
500 克派皮

馬鞭草果凍
50 厘升水
1 把馬鞭草
3 克洋菜

肉類調味料（以公斤計）
10 克細鹽
2 克細砂糖
2 克黑胡椒粉

將肉切成薄片，加鹽醃製，放入冰箱 12 小時。剩餘食材切塊。

在鍋中加熱奶油，將紅蔥頭炒出水分。

烤開心果、堅果、松子。

將果乾放入溫水中浸潤。

切碎平葉巴西里。

用攪拌機將肉、紅蔥頭、巴西里、蘑菇、果乾、波特酒、溫熱肉汁攪拌均勻，醃製 24 小時。

將派皮平鋪在模具中，放上配料。將派皮裹起，在上方製作兩個煙管，放入攝氏 200 度的烤箱烤 1 小時。以溫度計測試肉派中心溫度為攝氏 65 度後取出，靜置 40 分鐘。

用中火煮馬鞭草水，加入洋菜製成果凍。倒在肉派上，靜置冷卻。

最好將肉派保存在陶瓷鍋中，幾日後再享用。

石榴番茄甜椒水波蛋

ŒUFS PIPERADE
À LA GRENADE

完成時間：**45 分鐘**
烹調時間：**22 分鐘**

4 人份食材：

4 顆非常新鮮的蛋
120 克煙燻培根
2 厘升橄欖油
3 根青蔥（或 2 顆黃洋蔥）
1 顆蒜
1 顆紅椒
3 顆番茄
3 湯匙藍莓
1 顆石榴
新鮮百里香
羅勒
藍莓醋（或覆盆子醋）
鹽
艾斯佩雷辣椒粉（Espelette）
酒醋（用來煮蛋）

在滾水加入酒醋，將蛋一顆接一顆打入煮沸醋水中，數 45 秒至 1 分鐘，用漏勺將蛋取出，浸入冰水中防止蛋繼續熟成。將蛋從冰水中取出，瀝乾備用。

將培根放入冷水中，快速煮沸，瀝乾，冷卻。

接著用中火在鍋中加入少許橄欖油煎培根，加入洋蔥絲、蒜泥、百里香、紅椒片，再次翻炒 2 至 3 分鐘，加入去籽番茄末後，燉煮 15 分鐘。以少許鹽、藍莓醋或覆盆子醋、艾斯佩雷辣椒粉調味，試味道。

加入羅勒末，持續保溫。

在滾水中加熱水波蛋 30 秒，瀝出蛋。

將配料放入深盤中，在盤子周圍放上藍莓、石榴籽，最後將水波蛋放在配料上方。

希斯特北極紅點鮭佐糖漬紅醋栗

**OMBLE CHEVALIER
CONFIT AUX GROSEILLES
ET CRÈME DE CISTRE**

完成時間：**45 分鐘**
烹調時間：**35 分鐘**
煙燻時間：**15 分鐘**

8 人份食材：
4 片北極紅點鮭
粗鹽
葡萄籽油

希斯特醬（Sauce cistre）
1 顆洋蔥
1 顆茴香
100 克根芹菜
阿爾卑斯茴香葉（feuilles de
cistre / fenouil des Alpes）
橄欖油

黎麥
100 克白黎麥
鹽

庫利
½ 把黑醋栗
1 把紅醋栗

100 克阿爾卑斯茴香葉芽
4 顆新鮮蘑菇切片（凱撒磨菇）
魚子醬（鮭魚或鱒魚）

洗淨鮭魚，去除魚刺。

用粗鹽醃製 5 分鐘。

洗淨粗鹽，擦乾，用山毛櫸木屑煙燻至少 15 分鐘。

希斯特醬

在鍋中加入橄欖油炒洋蔥絲。

加入茴香片、根芹菜片翻炒後，在鍋中加滿水，蓋上鍋蓋煮 30 分鐘，加
入阿爾卑斯茴香葉（可用蒔蘿替代）。

用攪拌棒將鍋中食材攪拌至光滑濃稠，接近液體狀。

黎麥

在此期間，煮沸 50 厘升水，加入少許鹽，放入黎麥煮 8 至 10 分鐘。讓
黎麥保持脆口，備用。

庫利

取下黑醋栗和紅醋栗，保留幾顆果實做裝飾。

剩餘果實打成果醬，備用。

將鮭魚浸入攝氏 65 度的葡萄籽油中醃製（3 至 4 分鐘）。

將鮭魚放入盤中，用阿爾卑斯茴香葉芽、幾滴果醬、魚子醬做裝飾。

撒上幾顆果實，放入黎麥沙拉和幾片蘑菇。

另外盛出希斯特醬。

鷹嘴豆木瓜沙拉

PAPAYE EN SALADE
DE POIS CHICHES

完成時間：**15 至 20 分鐘**

10 人份食材：

½ 顆木瓜
2 湯匙鹽膚木香料粉
4 湯匙石榴醋
2 湯匙檸檬汁
120 克油漬鮪魚罐頭
6 湯匙橄欖油
½ 顆甜椒
½ 顆洋蔥
3 湯匙香菜或薄荷
100 克菲達起司
200 克熟鷹嘴豆
石榴
鹽、胡椒

將木瓜橫切成兩段，挖除籽，使中心空出的空間可以盛裝沙拉。

用小火將鍋中的鹽膚木香料粉、醋、檸檬汁、鮪魚塊、橄欖油融合在一起。

將甜椒切成小塊，將洋蔥和香草切末，備用。

將菲達起司和木瓜果肉切成小塊。

冷卻鷹嘴豆，加入鹽膚木香料醋調味，加入所有調味料，試味道。

將沙拉倒進木瓜中，常溫食用。

溫蔥佐奇異果醋

POIREAUX TIÈDES
À LA VINAIGRETTE DE KIWI

完成時間：**35 分鐘**
烹調時間：**25 至 30 分鐘**

4 人份食材：
4 根蔥白
2 顆蛋
醋
½ 把蝦夷蔥

醋
1 湯匙醋
3 湯匙油
1 顆紅蔥頭
2 顆奇異果
鹽

洗淨蔥白，將蔥白綁在一起。

煮一鍋鹽水（最好是肉湯），放入蔥白煮 25 至 30 分鐘（依蔥白大小而定）。在常溫中冷卻，瀝出蔥白備用。

在此期間，用煮沸醋水煮蛋 10 分鐘後將蛋取出，放入冷水中。將蛋黃和蛋白分離，分別過篩，加入蝦夷蔥末備用。

醋

將醋和鹽融合在一起，加入油、部分蛋黃末、紅蔥頭末，攪拌均勻。

奇異果削皮，切成小塊，加入一湯匙醋。

在每個盤子裡放一根蔥白，淋上醋，撒上奇異果塊、黃色含羞草、蛋白。

柚子酪梨小龍蝦沙拉佐歐當歸

SALADE D'ÉCREVISSES
AU POMELO ET AVOCATS,
PARFUM DE LIVÈCHE

完成時間：**20 分鐘**

4 人份食材：

雞尾酒醬
5 湯匙美乃滋
2 茶匙番茄醬
½ 顆綠檸檬汁
1 茶匙醬油
½ 瓶蓋白蘭地（自由添加）
鹽、Tabasco®

沙拉
½ 顆萵苣
1 根帶葉芹菜
1 顆柚子
4 顆酪梨（選用 Hass 品種）
25 隻帶尾小龍蝦
（或以煮熟蝦子替代）
1 株歐當歸（或蒔蘿）
½ 顆紅洋蔥
1 把法國香草束
松子

雞尾酒醬

將所有食材混合製成雞尾酒醬。

沙拉

洗淨萵苣，瀝乾後雪紡切（切成細絲）備用。

削芹菜絲，切成 5 毫米厚備用。

柚子去皮，去除白膜，用手取出柚子果粒備用。

將酪梨對半剖開，去籽，用湯匙挖出果肉，切片。

將歐當歸末、柚子果肉、些許萵苣絲、紅洋蔥絲、芹菜片混合，加入些許雞尾酒醬，試味道。

將帶尾小龍蝦擺進盤中央，在兩旁擺放切片酪梨。用歐當歸醬點綴，撒上松子，以法國香草束做裝飾。

剩餘的雞尾酒醬另外裝盛。

苦苣、蘋果、椰棗、
格勒諾布爾核桃沙拉

SALADE D'ENDIVES, POMME ET DATTES
AUX NOIX DE GRENOBLE

完成時間：**15 分鐘**

4 人份食材：

芥末醬
8 湯匙核桃油
8 湯匙葡萄籽油
2 湯匙巴薩米克醋
1 茶匙白芥末
鹽、胡椒、麥芽

4 顆苦苣
2 顆紅苦苣（自由添加）
1 顆檸檬
80 克康提起司
1 顆蘋果
8 顆新鮮椰子（或椰棗乾）
8 至 10 顆新鮮格勒諾布爾核桃
40 克蝦夷蔥末

將所有芥末醬食材攪拌均勻，試味道，備用。

將苦苣洗淨瀝乾，去除壞掉的葉子，保留 12 片做裝飾。將苦苣切成四等份，去心後切成 1 至 2 公分的蔬菜丁，撒上檸檬汁備用。

將康提起司切成 0.5 公分丁狀，備用。蘋果去皮切丁，撒上檸檬汁備用。

在沙拉碗中加入一大湯匙苦苣丁、康提起司丁、水果丁、核桃、蝦夷蔥末，攪拌均勻。慢慢加入芥末醋，試味道。

用苦苣葉裝飾盤子，在盤中央放入沙拉，撒上麥芽。

栗子、柿子、葡萄沙拉

SALADE DE CHÂTAIGNES
AUX KAKIS ET RAISINS

完成時間：**30 分鐘**
烹調時間：**10 分鐘**

4 人份食材：
300 克混合沙拉（綠葉沙拉、
羊萵苣、橡木萵苣）
20 顆白葡萄（選用麝香葡萄
或 chasselas 品種）
12 顆去皮栗子
（或罐裝熟栗子）
2 顆柿子
1 瓶蓋梅子白蘭地
150 克蘑菇
1 湯匙龍蒿
葡萄籽油

醋
5 厘升雪利酒醋
15 厘升葡萄籽油
1 湯匙滑順蘋果泥（自由添加）

將烤箱預熱至攝氏 200 度。

將沙拉分類、洗淨，用布擦乾，備用。

葡萄去皮去籽（如果是無籽葡萄可以不去皮）。

將栗子放入烤箱烤 10 分鐘。

清洗柿子後切片，在鍋中放入少許油，用大火將柿子煎上色，倒入白蘭
地炙燒，加入葡萄。

蘑菇切片。

醋

將雪利酒醋、葡萄籽油、蘋果泥攪拌均勻。

將所有沙拉、龍蒿末、醋混合在一起，試味道。

沙拉盛進沙拉碗或盤子裡，放入生蘑菇片、栗子和熟柿子、葡萄。

烹調過的白腰豆就跟所有蔬菜一樣，完美地融合所有食物和醋的味道。

白腰豆柑橘沙拉

SALADE DE HARICOTS BLANCS AUX MANDARINES

完成時間：**20 至 25 分鐘**

4 人份食材：

60 克葡萄乾
2 顆柑橘
1 湯匙新鮮薄荷
300 克熟白腰豆
1 顆番茄
1 根芹菜
1 顆紅蔥頭
80 克松子

醋

5 厘升柳橙汁
5 厘升檸檬汁
200 克優格
5 厘升橄欖油
2 顆檸檬皮和柳橙皮
½ 顆蒜
鹽、辣椒

先將葡萄乾浸泡水中。將葡萄乾加熱，煮沸 30 秒後取出，瀝乾備用。

醋

果汁倒入鍋中，以小火煮剩至 3/4 量變成糖漿，備用。

將優格和橄欖油用攪拌棒混合，加入檸檬皮、柳橙皮、蒜末、果汁糖漿、鹽、辣椒，攪拌均勻，試味道。

柑橘去皮，去除白絲，備用。薄荷切末，備用。

瀝出白腰豆，用微波爐加熱，加入些許醋，試味道。

將切成四等分的番茄、削絲切丁的芹菜、切末的紅蔥頭和柑橘果肉加入沙拉中，再次試味道。

在盤中撒上烤過的松子，常溫食用。

芒果鮮蝦沙拉佐山竹

**SALADE DE MANGUE
ET MANGOUSTANS
AUX GAMBAS**

完成時間：35 分鐘

4 人份食材：

400 克生菜（混合）
8 隻蝦
1 顆芒果
2 顆酪梨
1 顆檸檬榨汁
2 顆山竹
1 湯匙薄荷末
120 克松子
1 顆柳橙皮

醋

8 厘升百香果汁
5 厘升柑橘醋或檸檬醋
10 厘升榛果油
10 厘升橄欖油
少許艾斯佩雷辣椒粉
（Espelette）
鹽、胡椒

將生菜洗淨後瀝乾。

蝦子去殼，切成圓狀。

芒果去皮，切成片狀。

酪梨剖成兩半，去籽，取出果肉切片。

撒上檸檬汁。

打開山竹殼，去除果肉頂部。

醋

用攪拌棒將百香果汁、醋、鹽、胡椒攪拌均勻。

一點一點加入兩種油和少許辣椒粉。

試試混合好的沙拉味道，加入薄荷。

在鍋中以中火或攝氏 160 度的烤箱將松子上色。

在鍋中以中火或攝氏 110 度低溫烤箱將蝦子塊烹調至熟。

將生菜擺放於盤子上，放入水果、芒果片、酪梨片、山竹，最後放上松子、蝦子塊，撒上柳橙皮做裝飾。

番茄草莓瑞可塔起司沙拉

SALADE DE TOMATES
ET FRAISES À LA RICOTTA

完成時間：**20 分鐘**

4 人份食材：
500 克混合小番茄
（紅色、綠色、黃色）
300 克長型草莓
200 克綠草莓
150 克瑞可塔起司
½ 顆紅洋蔥
¼ 把蝦夷蔥蝦夷蔥花
綠巴西里芽
啤酒酵母

醋
½ 把巴西里
½ 顆蒜
4 湯匙橄欖油
2 湯匙白巴薩米克醋
鹽、胡椒

將番茄和草莓洗淨後瀝乾，對半切。

將瑞可塔起司切成塊狀，備用。

醋
用煮沸鹽水川燙巴西里和蒜，瀝出後過冷水，瀝乾。
將巴西里、蒜、橄欖油、醋、鹽、胡椒攪拌在一起。

將半顆紅洋蔥和蝦夷蔥切末。

將番茄、草莓、醋、香草混合在一起，試味道。

倒入沙拉碗中，放上瑞可塔起司塊，撒上啤酒酵母。

醃漬鮭魚佐荔枝與奇異果

SAUMON GRAVLAX
AUX KIWIS ET LITCHIS

完成時間：**30 分鐘**
醃製時間：**12 小時**
靜置時間：**12 小時**

4 人份食材：

250 克粗鹽
70 克細砂糖
1 顆綠檸檬皮
1 茶匙香菜末
½ 把蒔蘿
1 片 300 克去皮鮭魚
2 顆奇異果
10 顆荔枝
5 厘升橄欖油
5 厘升芝麻油
1 顆紅蔥頭末
5 克薑末
5 厘升葡萄柚汁（或檸檬汁）
1 茶匙香菜末
1 茶匙蝦夷蔥末
4 條小蘿蔔

在沙拉碗中放入粗鹽、糖、檸檬皮、香菜末和切段蒔蘿，攪拌均勻。

將沙拉碗中的調料均勻塗抹在鮭魚上，用乾淨的布將鮭魚包裹住，放入冰箱一個晚上。隔日取出鮭魚，以冷水將調料沖洗乾淨，用布擦乾鮭魚。

再將鮭魚直接放入冰箱，保持表面乾燥 12 小時。

將奇異果切成 3 至 4 毫米厚的圓片。

荔枝去皮後與奇異果置於同一個碗中。

將油、紅蔥頭末、薑末、葡萄柚汁、香菜末和蝦夷蔥末攪拌在一起，倒入水果後，放入冰箱醃製 30 分鐘。

將鮭魚切成 1 至 2 毫米厚的片狀，放入醃製過的水果，以香草葉和切成圓片的小蘿蔔做裝飾。

薄荷甜瓜湯佐鄉村火腿串

SOUPE DE MELON À LA MENTHE ET BROCHETTES DE JAMBON DE PAYS

完成時間：**15 分鐘**

4 人份食材：

1 顆成熟甜瓜
1 湯匙蜂蜜
少量檸檬汁
幾滴開胃茴香酒
幾片薄荷葉

25 厘升水
6 片薄荷
2 克吉利丁或洋菜

2 片鄉村火腿切成塊狀

將甜瓜對半切，去籽。

用湯匙將果肉挖除。

保留一些果肉，切成約 20 小塊甜瓜。

將果肉、蜂蜜、些許檸檬汁、茴香酒均勻攪拌，最後撒上薄荷葉末，放入冰箱。

以滾水沖泡薄荷葉幾分鐘。

加入吉利丁，放入冰箱。

將火腿塊、甜瓜塊、薄荷葉交替串成肉串。

用攪拌器將薄荷水打出美麗的慕斯。

將甜湯倒入冰鎮過後的杯子，再將薄荷慕斯倒進杯中。

佐鄉村火腿串一起享用。

草莓、藍莓、黎麥塔布勒沙拉佐辣薄荷

TABOULÉ DE QUINOA, FRAISES ET MYRTILLES À LA MENTHE POIVRÉE

完成時間：**20 分鐘**
烹調時間：**5 分鐘**
醃製時間：**1 小時**

4 人份食材：
20 厘升茉莉花綠茶

400 克白藜麥
60 克新鮮杏仁
辣薄荷
1 湯匙檸檬汁
鹽

醃製水果
100 克草莓
80 克藍莓
80 克紅醋栗
1 顆柳橙
2 湯匙細砂糖
½ 顆柳橙汁
橙花精華液

庫利
150 克草莓、覆盆子、紅醋栗

泡茶。

將黎麥放入滾水中加鹽煮 5 至 6 分鐘（依照黎麥大小）。

醃製水果

將去蒂頭切成四小塊的草莓、藍莓、紅醋栗和去皮柳橙片放入沙拉盤中。

加入糖、半顆柳橙汁、些許橙花精華液攪拌均勻，在室溫下醃製 1 小時。

敲開新鮮杏仁殼，將杏仁切成片保存。

準備薄荷葉末。

將黎麥、醃製後的水果汁、薄荷、杏仁攪拌一起，淋上茶和檸檬汁。

放入糖漬紅莓果。

倒入常溫碗中，以紅莓果庫利做裝飾。

法式韃靼水果蔬菜佐番茄草莓庫利

TARTARE DE FRUITS ET LÉGUMES, COULIS DE
TOMATES ET FRAISES

完成時間：30 分鐘

4 人份食材：

醋
5 厘升檸檬汁
10 厘升橄欖油
1 撮鹽

韃靼水果蔬菜
1 顆酪梨
1 條胡蘿蔔
1 顆酸蘋果
2 顆櫻桃蘿蔔（radis roses）
1 根芹菜
½ 把蝦夷蔥
鹽、胡椒

番茄草莓庫利
2 顆番茄
6 顆草莓
2 片薄荷或香蜂草
½ 根青蔥
2 厘升紅莓果醋或巴薩米克醋
3 厘升橄欖油
鹽、胡椒

裝飾
8 顆草莓

醋

將檸檬汁、橄欖油、鹽混合。

韃靼水果蔬菜

酪梨削皮去籽，取出果肉。

將胡蘿蔔、蘋果、櫻桃蘿蔔削皮，芹菜削絲。

蔬果切成 3 毫米大小，將所有食材與蝦夷蔥和酪梨果肉混合，加入鹽、胡椒、些許醋。

番茄草莓庫利

洗淨番茄和草莓，切成小塊後加入薄荷、鹽、胡椒。將所有食材和青蔥末放入攪拌機中攪拌，最後加入些許醋和油，您會得到香氣濃郁的粉紅庫利。

擺盤

將韃靼水果蔬菜放入圓形模具中，按壓平整，取出模具。在韃靼水果蔬菜周圍淋上番茄草莓庫利，並放上幾片草莓圓片做裝飾。

我喜歡這款甜濃湯與果香味濃厚的昂貝爾藍紋起司交融而成的衝突口感。

藍紋起司濃湯佐翠玉青蘋果

VELOUTÉ DE POMMES GRANNY À LA FOURME

完成時間：**15 分鐘**
烹調時間：**50 分鐘**

6 人份食材：

1 根大蔥
1 根綠芹菜
2 顆翠玉青蘋果
（Granny-Smith）
50 克奶油
1 升蔬菜湯
1 把菠菜葉
10 厘升鮮奶油
100 克熟成昂貝爾藍紋起司
3 湯匙平葉巴西里
80 克金黃麵包丁
鹽

清洗大蔥、芹菜、蘋果，切開後分開存放。

以小火在鍋中加熱奶油後，放入大蔥絲和芹菜絲，煮 2 至 3 分鐘後，加入蘋果；倒入蔬菜湯（或者加水）和少許鹽。

蓋上鍋蓋煮 45 分鐘。

煮好後加入菠菜、奶油，再次煮沸。將湯打成質地細緻的濃湯，試味道。

將藍紋起司切成小方塊。

將巴西里葉切成碎末。

把濃湯倒入湯碗或凹盤，撒上麵包丁和藍紋起司塊，撒上巴西里葉末替濃湯增加新鮮氣味。

紅栗南瓜濃湯佐梨子、栗子與冬季松露

VELOUTÉ DE POTIMARRON,
POIRES ET CHÂTAIGNES AUX TRUFFES D'HIVER

完成時間：1 小時
烹調時間：50 分鐘
浸泡時間：24 小時

4 人份食材：

1 把乾栗子
3 顆西洋梨或威廉斯梨
500 克紅栗南瓜
1 顆洋蔥
½ 把芹菜
30 克奶油
50 克培根
1 把巴西里梗
10 厘升鮮奶油
30 克黑松露（佩里戈爾松露）
鹽、胡椒、肉豆蔻

前一天
栗子泡水。

當天
將梨子削皮，切成四等分。

洗淨紅栗南瓜，切成小塊（可以削皮）。

洋蔥去皮切絲，芹菜切絲。

將奶油放入燉鍋中，以中火將奶油煮至焦糖色，加入洋蔥、芹菜、培根丁、巴西里梗，翻炒後再加入紅栗南瓜塊、梨子、瀝乾栗子（或熟栗子）；在鍋中加滿水、少許鹽巴，以小火悶煮 40 至 50 分鐘。

紅栗南瓜煮熟後，加入鮮奶油攪拌均勻。瀝出蔬菜，留下濃湯。添加調味料。

將濃湯盛入湯碗或空心南瓜盅。在濃湯上放幾片黑松露、梨子塊和巴西里碎末。

蘆筍椰奶冷湯

VELOUTÉ GLACÉ
ASPERGES, NOIX DE COCO

完成時間：35 分鐘
烹調時間：40 分鐘

4 人份食材：

1 條蒜白
3 厘升橄欖油
8 條綠蘆筍
2 片薑
75 厘升蔬菜湯
30 克奶油
3 厘升百香果汁
10 厘升椰奶

裝飾
椰子片
碎米薺花（自由添加）

以中火在鍋中加入橄欖油和蒜白絲，煮約 2 至 3 分鐘。等待時將蘆筍去皮，切成頭、尾兩部分。將蘆筍尾切成圓片和薑片加入鍋中翻炒，倒入蔬菜湯，蓋上鍋蓋煮 30 至 35 分鐘。用攪拌器將蔬菜湯打成濃湯，一邊攪拌一邊加入水，直到湯品呈現濃稠狀。

用平底鍋以中火將奶油煮至焦糖色，加入百香果汁，用中火收汁至 1/2 後加入椰奶。醬汁過篩倒入濃湯中，試味道和質地後，持續保溫。

以鹽水川燙蘆筍頭，保持脆度。

將濃湯倒入湯碗或杯子，用蘆筍頭、椰子片、碎米薺花裝飾濃湯。

海鮮、肉類
VIANDES, POISSONS

烤血腸佐香蕉餅
226

鵪鶉雞油菌佐葡萄
228

水梨啤酒烤豬佐大麥
230

烤鴨佐黑莓醬
232

烤羊丁骨鞍佐藍莓醬
234

番紅花庫斯庫斯風味烤鴨
佐櫻桃鼠尾草醬
236

燉兔肉佐酸甜杏桃雞油菌、
龍膽酒燉黃香李
238

檸檬烤雞
240

燉榅桲鑲羊肉
242

榛果燉野兔
佐越桔與奇異果
244

柑橘、根莖類蔬菜
燉小牛膝
246

蕪菁櫻桃鴨肉派
248

沙朗牛排佐黑醋栗
250

蜜汁鳳梨豬五花
252

嫩煎雞肉佐田園奇異果
254

馬蜂橙蒸鱈魚佐石榴醬
256

烤鮭魚佐覆盆子
258

佛手柑糖醋鯖魚
260

金頭鯛佐麝香葡萄
262

紅點鮭佐野生黑莓
264

鱒魚佐雞油菌與柑橘
266

貝爾維尤龍蝦佐葡萄柚
268

冰島龍蝦燉酢橘醬
270

蒸青鱈佐紅醋栗羅勒醬
272

紙包紅鯔魚佐芒果
274

烤扇貝佐百香果羅勒醬
276

烤血腸佐香蕉餅

BOUDIN RÔTI AUX BEIGNETS DE BANANES PLANTAINS

完成時間：**30 分鐘**
烹調時間：**45 分鐘**

4 人份食材：

2 根香蕉
1 顆檸檬
1 撮肉桂粉
1 顆蛋
250 克血腸（4 塊）
1 顆洋蔥
少許雪利酒醋
10 厘升油
50 克奶油
10 厘升肉汁
麵粉
麵包粉
鹽
艾斯佩雷辣椒粉（Espelette）

將香蕉剝皮、切塊，淋上半顆檸檬汁，撒上些許肉桂粉，再用少許鹽和辣椒粉調味。

將蛋打散，讓血腸先沾麵粉再沾蛋液，最後裹上麵包粉，備用。

以中火將洋蔥絲翻炒後，蓋上鍋蓋悶煮 30 至 40 分鐘，加入鹽、醋、檸檬皮，持續保溫。

用大火熱鍋，加入油和奶油後，放入血腸，將血腸兩面煎至金黃。

炸香蕉塊。

加熱肉汁。將血腸盛盤，淋上肉汁，放上炸香蕉塊。

鵪鶉雞油菌佐葡萄

**CAILLES AUX RAISINS
ET CHANTERELLES**

完成時間：**50 至 60 分鐘**
烹調時間：**20 分鐘**

4 人份食材：

4 隻鵪鶉

配菜
500 克新馬鈴薯
（在成熟前採收的馬鈴薯）
4 顆蒜
20 顆左右的白葡萄
½ 顆檸檬
250 克雞油菌
4 根青蔥

醬汁
30 克奶油
6 厘升白酒
肉汁

奶油
油
鹽、胡椒

自由添加
幾片酥脆馬鈴薯片

將烤箱預熱至攝氏 180 度。

將鵪鶉淋油點燃去毛後用線捆綁。

在燉鍋中加入少許油和奶油，開大火加熱。放入鵪鶉，每面煎至上色。以鹽和胡椒調味，放入烤箱 15 至 20 分鐘。

烤鵪鶉的過程中需多次在肉上塗抹油。煮好後，持續保溫。

配菜

將馬鈴薯洗淨，可視情況削皮。

在鍋中加入少許油和奶油，大火加熱，放入馬鈴薯、蒜瓣，煎至上色。轉小火，用鹽和胡椒調味，蓋上鍋蓋輕慢燉備用。

洗淨葡萄、削皮去籽（如果需要）。在鍋中加熱葡萄，倒入些許檸檬汁，備用。洗淨雞油菌，放入鍋中，加入少許鹽和青蔥絲翻炒。

醬汁

用小火將 30 克奶油煮至焦糖色，加入白酒後，煮至收汁 1/2。再加入肉汁，滾煮幾分鐘直到質地濃稠，以鹽和胡椒調味。

取下鵪鶉上的繩子。

將鵪鶉放入燉鍋，加入葡萄、馬鈴薯、雞油菌，醬汁另外盛。

加入幾片酥脆馬鈴薯片。

水梨啤酒烤豬佐大麥

CARBONADE DE PORC
AUX NASHIS, ORGE PERLÉ

完成時間：**2 小時 30 分鐘**
烹調時間：**2 小時**

6 人份食材：

1 公斤豬頰肉
75 厘升黑啤酒
30 克奶油
些許橄欖油
1 顆洋蔥
1 條胡蘿蔔
些許酒醋
1 茶匙蔗糖或紅糖
2 片香料麵包
1 把香草束
4 顆水梨

配菜

150 克大麥
½ 顆洋蔥
30 厘升黑啤酒
50 厘升雞湯
12 顆糖漬小洋蔥（自由添加）
幾片烤香料麵包
油、奶油

前一天

將豬頰肉浸於黑啤酒中，放入冰箱。

當天

取出醃製豬頰肉並瀝乾，保留啤酒。

將烤箱預熱至攝氏 150 度。

在鍋中放入奶油和油，開大火加熱後，放入豬頰肉煎至上色，加入洋蔥末、胡蘿蔔塊、些許醋。加入紅糖、香料麵包塊、啤酒、香草束，蓋上鍋蓋放入攝氏 150 度烤箱烤 2 小時。

確認肉的軟嫩程度。

配菜

用大麥、洋蔥末、啤酒、雞湯煮成香料飯。放入攝氏 160 度烤箱烤 1 小時。

擺盤

取出豬頰肉，瀝出光滑濃稠的醬汁。

洗淨水梨，切成 4 塊。在鍋中放入奶油，用大火將水梨煎至上色，加入些許啤酒。

在盤中擺入啤酒烤豬，放入糖漬小洋蔥、水梨、大麥和烤香料麵包塊增加脆口感。

烤鴨佐黑莓醬

COLVERTS RÔTIS
AUX MÛRES DE RONCE

完成時間：**1 小時**
烹調時間：**45 分鐘**

4 人份食材：

2 隻綠頭鴨
4 片肥肉
3 顆蒜
1 枝百里香

黑莓醬
鴨肉汁
1 瓶蓋白蘭地
½ 顆洋蔥
20 厘升雞湯
100 克野生黑莓
2 厘升巴薩米克醋

高麗菜
½ 顆高麗菜
½ 顆洋蔥
20 克奶油
杜松子
250 克雞油菌

油
奶油
鹽、胡椒

將烤箱預熱至攝氏 200 度。

將鴨子淋油點燃後，拔掉羽毛，用肥肉裹住鴨子。

在鍋中加入油和奶油，開大火熱鍋，將鴨子煎至上色，用鹽、胡椒、蒜、百里香調味。

放入烤箱 20 至 25 分鐘。

烤鴨的過程中需多次在肉上塗抹油，持續保溫。

取出後，將鴨肉去骨，保留鴨腿和鴨翅。

黑莓醬

將鴨肉末放入燉鍋中，火燒白蘭地，將洋蔥末炒至上色；加入雞湯，用中火繼續煮 15 至 20 分鐘。悶幾分鐘後，瀝出醬汁。

撈油，加入完全成熟的黑莓和巴薩米克醋，持續保溫。

高麗菜

剝除高麗菜外葉。

煮一鍋鹽水，將高麗菜葉放入鍋中川燙 3 至 4 分鐘，取出後用冰水冷卻以保持鮮綠。

用奶油炒洋蔥末，加入高麗菜絲後煮幾分鐘。以鹽和胡椒調味，加入杜松子，持續保溫。

清洗雞油菌，在鍋中加入奶油，用大火炒雞油菌，保溫備用。

熱盤，擺入奶油高麗菜。放入鴨腿和鴨翅，在盤子周圍放上黑莓，淋上醬汁。

烤羊丁骨鞍佐藍莓醬

FILETS D'AGNEAU
AUX MYRTILLES

完成時間：**50 分鐘**
烹調時間：**30 分鐘**

4 人份食材：
羊丁骨鞍肉
2 片羊肉或 1 塊羊丁骨鞍肉
8 顆蒜

胡桃南瓜泥
500 克胡桃南瓜
50 克奶油
肉豆蔻

配菜
180 克布格小麥
1 條胡蘿蔔
1 條櫛瓜
½ 顆洋蔥
2 顆檸檬皮
奶油
摩洛哥香料（Ras el-hanout）

藍莓醬
20 克糖
8 厘升藍莓醋
10 厘升羊肉汁
120 克新鮮或冷凍藍莓
薄荷葉

橄欖油
鹽、胡椒

羊丁骨鞍肉

將烤箱預熱至攝氏 200 度。

去除羊骨（或者請肉舖處理）。

在鍋中加入橄欖油，開大火將羊丁骨鞍肉煎至上色，加入鹽和胡椒調味。放入烤箱 20 至 25 分鐘，烘烤過程中需多次在肉上塗抹油。烤好後，加入蒜瓣。

用鋁箔紙蓋住肉，持續保溫。

胡桃南瓜泥

將烤箱預熱至攝氏 180 度。

將胡桃南瓜切成條狀，淋上橄欖油，調味後蓋上鍋蓋放入烤箱 20 至 25 分鐘。烤熟後，去籽，加入奶油打成泥，加入肉豆蔻，持續保溫。

配菜

將布格小麥放入煮沸鹽水中，蓋上鍋蓋煮 8 至 10 分鐘。瀝出小麥，冷卻。

將胡蘿蔔和櫛瓜切小塊，在鍋中用奶油翻炒，加入洋蔥末、撒上檸檬皮、鹽、一小撮摩洛哥香料調味，持續保溫。

藍莓醬

在鍋中用中火將糖煮成焦糖，加入藍莓醋後，收汁至糖漿狀。倒入羊肉汁、加入完整薄荷葉，靜置浸泡。瀝出醬汁，加入藍莓，持續保溫。

擺盤

將羊肉切成薄片，放入熱盤中。在旁邊放上布格小麥和胡桃南瓜泥，淋上醬汁。

番紅花庫斯庫斯風味烤鴨
佐櫻桃鼠尾草醬

FILETS DE CANARD AUX CERISES, À LA SAUGE
ET AU COUSCOUS SAFRANÉ

完成時間：**1 小時 15 分鐘**
烹調時間：**15 至 20 分鐘**

4 人份食材：

200 克酸櫻桃
2 片帶皮鴨肉或鴨胸肉
1 把羊角菜或 1 把新鮮菠菜

番紅花杏仁小麥粉
40 克杏仁粉
200 克庫斯庫斯小麥
5 厘升橄欖油
1 升雞湯
½ 茶匙番紅花蕊
2 塊薑皮

花椰菜泥
200 克花椰菜
50 克奶油
孜然
融化奶油

醬汁
2 塊方糖
5 厘升櫻桃醋
櫻桃
2 枝鼠尾草
25 厘升雞湯
1 顆檸檬皮
1 湯匙櫻桃白蘭地
20 克新鮮奶油

鹽、胡椒

櫻桃去核，保留櫻桃核。

番紅花杏仁小麥粉

將杏仁末炒至金黃，加入庫斯庫斯、橄欖油，放入深盤中。

加熱雞湯，加入番紅花、薑末，煮沸。將 3/4 雞湯倒入庫斯庫斯中，用叉子攪拌，蓋上蓋子讓庫斯庫斯漲大。用剩下的熱湯重複上述動作，試味道，蓋上蓋子，持續保溫。

鴨肉片

將烤箱預熱至攝氏 180 度。

鴨肉去筋、去油脂，切成塊狀。

大火熱鍋，將鴨皮煎至上色。以鹽、胡椒調味，淋上鴨油。

放入烤箱 10 至 12 分鐘，烤製時間取決於您希望是三分熟還是五分熟。將烤鴨取出烤箱後，靜置於常溫下；倒出肉汁當作醬汁材料。

花椰菜泥

以中火在鹽水中放入切塊的花椰菜，蓋上鍋蓋煮熟蔬菜。瀝出花椰菜，加入奶油打成泥，加入孜然，持續保溫。

醬汁

在鍋中將糖煮成焦糖，加入醋，煮到收汁 1/2。加入去核櫻桃、鼠尾草、雞湯、檸檬皮。

繼續將醬汁煮至糖漿狀，加入櫻桃白蘭地。濾出醬汁，加入融化奶油。

擺盤

在熱鍋中快速翻炒菠菜和去核櫻桃，以保留菠菜的口感和櫻桃的脆度。

在盤中央放入庫斯庫斯，再放入菠菜、鴨胸。盤子周圍放上些許花椰菜泥，淋上醬汁，用鼠尾草裝飾。

龍膽的苦味平衡了雞油菌和
黃香李的味道。

燉兔肉佐酸甜杏桃雞油菌、
龍膽酒燉黃香李

LAPIN FERMIER EN DEUX CUISSONS,
CHUTNEY DE GIROLLES-ABRICOTS ET
MIRABELLES À LA GENTIANE

完成時間：**2 小時 30 分鐘**
烹調時間：**2 小時 30 分鐘**
醃製時間：**12 小時**

6 至 8 人份食材：
1 隻約 1.2 公斤野兔（帶腰子）
1 枝百里香
2 顆蒜
1 公斤鴨油
6 片薄荷
2 片香菜
1 張豬網油
橄欖油

4 顆新鮮杏桃
2 撮糖

兔肉汁
10 厘升橄欖油
1 顆洋蔥
½ 條胡蘿蔔
1 顆蒜
5 厘升白葡萄酒
1 枝百里香
2 湯匙杏仁油

酸甜杏桃雞油菌
250 克雞油菌
150 克黃香李
6 顆杏桃乾
2 顆紅蔥頭
25 厘升雞湯
5 厘升龍膽蒸餾酒（Avèze®）
或龍膽利口酒（選用 Suze
或 Salers）

奶油
鹽、研磨胡椒

前一天

將兔肉切成 12 塊，加入些許橄欖油、百里香、蒜末醃製；保留內臟（腰
子）和骨頭做醬汁。

當天

將烤箱預熱至攝氏 90 度。在有蓋燉鍋中放入鴨油，油漬兔肩肉和兔腿，
放入烤箱約 1 小時 30 分鐘。

持續保溫。兔背肉去骨，將生腰子縱向剖半，鑲入薄荷葉和香菜，裹上
豬網油，在鍋中加入少許油用大火煎 6 至 8 分鐘，持續保溫。

在鍋中加熱奶油煎新鮮杏桃，輕輕撒上糖，持續保溫。

兔肉汁

在鍋中加入奶油和橄欖油，開大火將骨頭和碎肉炒至上色，加入蔬菜絲
（洋蔥、胡蘿蔔、蒜）後再次炒上色；倒入白葡萄酒，煮至收汁。在鍋
中倒水，放入百里香，用中火煮至收汁（至少 30 分鐘）。瀝出醬汁，加
入黃香李核。

酸甜杏桃雞油菌

在熬煮醬汁時，擦淨或洗淨雞油菌。將雞油菌放入煮沸鹽水 2 分鐘，瀝
出雞油菌。

將黃香李去核（核要留著），在鍋中加熱奶油煎黃香李。

在鍋中加熱奶油煎紅蔥頭末，加入黃香李、雞油菌，翻炒後加入雞湯，煮
沸後蓋上鍋蓋，以小火繼續煮 20 分鐘。加入一點龍膽利口酒，調味，持
續保溫。

擺盤

將酸甜杏桃雞油菌放入盤中央，在上面放兩片兔背肉和油漬兔肉，加入
杏桃和剩餘的煮過黃香李，或者是將水果另外盛盤。

加熱兔肉汁，淋上少許杏仁油和兔肉汁。

檸檬烤雞

LE POULET
EN CROÛTE DE CITRON

完成時間：**1 小時**
烹調時間：**30 分鐘**

4 人份食材：

1 隻雞（1.2 公斤）
½ 顆洋蔥
2 顆蒜
5 厘升四季橘醋
10 厘升雞湯
1 顆檸檬
5 厘升橄欖油
30 克奶油
3 厘升檸檬酒
鹽、胡椒

檸檬塔皮

40 克杏仁粉
25 克軟化奶油
10 克檸檬皮
1 克檸檬百里香花
1 克迷迭香
鹽、胡椒

配菜（自由採用）

3 種胡蘿蔔（12 條）
¼ 顆高麗菜
200 克熟蕎麥

用火燒方式將全雞除毛。

剃下雞腿備用。

保留雞胸骨兩側的翅膀。

在鍋中開大火熱油，將雞腿煎至上色，以鹽和胡椒調味，加入半顆洋蔥絲、兩顆蒜，翻炒後加入醋，煮至收汁 1/4。在鍋中加入些許水和雞湯，蓋上鍋蓋以小火繼續煮 20 至 30 分鐘，持續保溫。

將檸檬切片備用。

在鍋中加入橄欖油和些許奶油，開大火將雞胸肉煎至上色後，放入烤箱以攝氏 100 度低溫慢烤 4 至 5 分鐘，將雞肉的中心溫度烤至攝氏 56 度，保留烤出來的肉汁，持續保溫。

檸檬塔皮

將所有食材混合在一起，平鋪在兩張烤紙上，放入冰箱。

去除雞湯上的浮油，加入些許檸檬皮，用小火煮，最後加入奶油。

加入幾滴檸檬酒調味。

將檸檬塔皮裹住雞胸肉，放在烤箱架下烤。

將高麗菜、胡蘿蔔、蕎麥煮熟（配菜）。

將雞胸肉和雞腿放入盤中央，在周圍擺上配菜和醬汁點綴。

這是一道讓人驚訝的料理！楜桲果肉較為堅實，一定要煮透。

燉楜桲鑲羊肉

LES DEMI-COINGS MIJOTÉS À L'AGNEAU

完成時間：**1 小時**
烹調時間：**1 小時**

4 人份食材：

350 克羊肩肉
2 顆洋蔥
1 條胡蘿蔔
1 顆番茄
1 茶匙麵粉
½ 顆蒜
1 茶匙薑
½ 茶匙法國四香粉
1 顆檸檬皮
2 湯匙香菜末
橄欖油

楜桲

4 顆楜桲
1 顆檸檬汁
1 升水
50 克細砂糖

醬汁

1 顆洋蔥
1 塊融化奶油
2 片薑
6 顆小荳蔻
25 厘升雞湯
½ 顆檸檬汁
20 克細砂糖
2 茶匙巴西里末

鹽、胡椒

將羊肩肉切成約 1 公分小塊。

在鍋中倒入橄欖油，開大火將羊肩肉快炒至上色（約 2 至 3 分鐘）。在鍋中加入洋蔥和胡蘿蔔塊，再次炒至上色；加入番茄末、麵粉、蒜末，繼續翻炒。在鍋中加滿水，加入薑片、法國四香粉、檸檬皮，以鹽和胡椒調味。

用小火煮 20 至 30 分鐘，直到肉變軟嫩。

取出肉，剩下醬汁繼續煮成糖漿狀，讓醬汁可以包裹羊肉塊。試味道後，撒上香菜末。

楜桲

楜桲削皮，對半切後放入檸檬水中；用挖果肉湯匙挖出楜桲心。在鍋中加入 1 升水，放入楜桲，加入糖。煮到快熟時關火，將羊肉鑲入楜桲中心。

醬汁

將烤箱預熱至攝氏 170 度。

在鍋中放入奶油，開小火炒洋蔥末，加入薑片和小荳蔻末，加入煮過的楜桲心，加入熱雞湯。瀝出醬汁，在醬汁中加入些許檸檬汁、一撮糖、胡椒、鹽，蓋上鍋蓋後繼續煮 10 至 12 分鐘。

將楜桲鑲羊肉放入醬汁中。

蓋上鍋蓋在烤箱烤 25 至 30 分鐘。

最後撒上些許巴西里末。

榛果燉野兔佐越桔與奇異果

NOISETTES DE LIÈVRE
AUX AIRELLES ET AUX KIWIS

完成時間：**45 分鐘**
烹調時間：**20 分鐘**

4 人份食材：

2 塊兔背肉
5 厘升橄欖油
1 枝新鮮百里香
30 克奶油
1 顆蒜
100 克越桔
2 顆綠色奇異果
12 顆煮熟栗子
4 顆抱子甘藍
1 顆柳橙汁
5 厘升雪利酒醋
10 厘升肉汁
1 湯匙紅醋栗果凍
1 茶匙芥末粉
6 顆杜松子磨粉
鹽、研磨胡椒

將烤箱預熱至攝氏 180 度。

將兔背肉抹鹽和胡椒。在鍋中加入橄欖油、百里香，放入兔背肉，將兔背肉煎至雙面上色，以鹽和胡椒調味，淋上預熱奶油，加入一顆帶皮蒜頭。

放入烤箱約 15 分鐘，烘烤過程中需多次在兔肉上塗抹油，烤好後兔背肉會呈現淡粉紅色。

將越桔洗淨，瀝乾備用。

奇異果削皮，在鍋中加入 20 克奶油，以中火小心烹煮奇異果，持續保溫。

將栗子去皮。用鹽水川燙抱子甘藍 1 分鐘，持續保溫。

倒出烤兔背肉汁，加入柳橙汁和醋，用中火將肉汁煮至糖漿狀。在鍋中加入肉汁、紅醋栗果凍、芥末粉、杜松子粉、越桔，小火慢煮，讓所有食材的香氣融合在一起，煮至醬汁完全光滑。

取出兔背肉切成小塊放入盤中，加入奇異果塊、栗子、抱子甘藍葉。

柑橘、根莖類蔬菜燉小牛膝

OSSO BUCCO AUX CLÉMENTINES, LÉGUMES RACINES

完成時間：**2 小時**
烹調時間：**2 小時**

4 人份食材：
4 顆柑橘
1 顆檸檬
1 顆洋蔥
2 顆蒜
1 條胡蘿蔔
1 根芹菜
2 顆番茄
4 塊小牛膝
15 厘升白酒
15 厘升牛肉湯
2 湯匙番茄醬
10 厘升柑橘汁
1 把法國香草束
橄欖油
麵粉

配菜
2 顆白蘿蔔
20 克奶油
3 湯匙香草葉末
（蝦夷蔥、迷迭香）
鹽、胡椒

取柑橘皮和檸檬皮，壓榨檸檬汁，柑橘留待配菜備用。

將洋蔥和蒜削皮，切絲。

將蔬菜削皮，切塊備用。

在鍋中加入橄欖油，將蔬菜炒上色（番茄除外），倒入碗中備用。

在同一鍋中將沾麵粉的小牛膝炒至上色，加入白酒和牛肉湯，加入番茄和番茄醬。在鍋中加入柑橘汁、檸檬汁、香草束，蓋上鍋蓋以小火慢燉約 2 小時。

配菜

白蘿蔔削皮切塊，鍋中加入奶油用小火炒，以鹽和胡椒調味。將柑橘切片，炒至上色。

將小牛膝淋上醬汁，在上面放柑橘片，白蘿蔔放在一旁，最後撒上混合香草末。

這道料理靈感來自我的朋友雅克・馬克西曼（Jacques Maximin）在「最佳法國公匠」（Meilleur Ouvrier de France）競賽中登場的食譜。

完成時間：**45 分鐘**
烹調時間：**2 小時至**
2 小時 30 分鐘

4 人份食材：

2 隻鴨腿（60 克）
1 條胡蘿蔔
1 塊芹菜（50 克）
½ 顆洋蔥
12 顆蒜
1 茶匙番茄醬
25 厘升蘋果醋
50 厘升雞湯
麵粉
油
鹽、胡椒

配菜

1 條削皮長蕪菁
12 顆蘑菇頭
1 把去核櫻桃
（選用 Burlat 品種）
4 顆李子
或 8 個半顆去核李子
油

酥皮
200 克酥皮
1 顆蛋（蛋液）

蕪菁櫻桃鴨肉派

PIE DE CANARD
AUX NAVETS ET AUX CERISES

將烤箱預熱至攝氏 160 度。

將鴨腿切成兩半。

開大火熱鍋，在鍋中加一點油，將鴨肉煎至上色。

蔬菜切丁，在鍋中加入大量的油，以低溫煮至上色後瀝出油。

在鍋中撒上麵粉，加入番茄醬一起翻炒。

加入蘋果醋、熱雞湯，再次煮沸。

蓋上鍋蓋放入烤箱，烤 1 小時 30 分鐘至 2 小時。

從烤箱取出鴨腿，瀝出肉汁，取出鴨骨，保留鴨肉備用。

配菜

蕪菁切塊，炒至上色後加入些許水，蓋上鍋蓋用小火悶煮，備用。

將切塊蘑菇，在鍋中加入幾滴油翻炒，備用。

在橢圓形盤（長 20 公分，寬約 5 至 6 公分）中放入鴨肉、蕪菁、蘑菇、櫻桃、李子、肉汁。

將酥皮桿成 2 毫米厚度，在碗中將蛋打成蛋液，用刷子在模具邊緣刷上蛋液。將酥皮覆蓋在橢圓形盤上，在酥皮上畫菱紋，最後塗上蛋液。

放入烤箱，以攝氏 180 度烤 15 至 18 分鐘。

上桌。

隔夜牛肉最適合搭配微酸醬汁以突顯食材特色。

沙朗牛排佐黑醋栗

PIÈCES DE BŒUF POÊLÉES AUX BAIES DE CASSIS

完成時間：**1 小時 30 分鐘**
烹調時間：**2 小時 10 分鐘**

4 人份食材：

4 片沙朗牛排（120 克 / 人）
120 克牛骨髓

牛肉汁
300 克牛碎肉
½ 條胡蘿蔔
1 顆洋蔥
3 顆蒜
1 枝百里香
10 厘升紅酒
約 5 厘升黑醋栗酒
150 克黑醋栗
研磨胡椒

甜菜根
1 顆黃甜菜根
1 顆紅甜菜根
1 顆基奧賈甜菜根（Chioggia）
雪利酒醋
榛果油

自由採用
500 克蕃薯泥

橄欖油
奶油
鹽、胡椒

牛肉汁

在鍋中加入少許油，將牛碎肉炒至上色。

將胡蘿蔔和洋蔥切丁，加入牛碎肉、整顆蒜、百里香，翻炒至上色。瀝出油，在鍋中加入紅酒。將酒點燃，以小火煮至收汁 1/4。

在鍋中加滿水，小滾後蓋上鍋蓋燉煮 1 小時。關火後靜置約 12 分鐘，加入研磨胡椒。

撈出浮油，繼續將醬汁煮成糖漿狀；加入黑醋栗酒和黑醋栗，瀝出醬汁後加入奶油，持續保溫。

在煮沸鹽水中燙牛骨髓。

甜菜根

基奧賈甜菜根置於一旁，稍後單獨處理。

將紅、黃甜菜根削皮切成四塊後放入鍋中，在鍋中加滿水、少許奶油和鹽，蓋上鍋蓋以中火煮約 30 分鐘，讓甜菜根保留輕微脆口感。煮熟後，讓醬汁收汁持續保溫，取出甜菜根冰鎮。

將基奧賈甜菜根切成薄片，用幾滴醋和榛果油調味，備用。

烹調牛肉（同時擺盤）

用大火熱鍋，加入油和奶油。當奶油起泡後，放入沙朗牛排，熟度依照個人口味，煎至兩面上色，以鹽和胡椒調味。

擺盤

在熱盤中放入沙朗牛排，放上牛骨髓。將甜菜根放置一旁，淋上醬汁。

可搭配蕃薯泥享用。

蜜汁鳳梨豬五花

POITRINE DE PORC
À L'ANANAS

完成時間：**2 小時**
烹調時間：**2 小時**
醃製時間：**12 小時**

4 人份食材：

400 克五花肉
2 顆番茄

醃製

1 茶匙紅糖
1 茶匙孜然
1 茶匙紅甜椒粉
1 茶匙鹽
½ 顆洋蔥末
1 顆蒜末
1 枝百里香
1 片月桂葉

蜜汁

10 厘升鳳梨汁
4 湯匙楓糖漿
1 湯匙醬油
1 顆檸檬汁
檸檬皮
迷迭香
紅甜椒粉

配菜

8 條小胡蘿蔔
2 塊融化奶油
4 片鳳梨

將豬皮切 3 毫米寬度。

醃製

將所有醃製食材混合後倒入五花肉中，蓋上包鮮膜，放入冰箱 12 小時。

將兩顆番茄個切成四塊，加些許水放入烤箱以攝氏 150 度烤 1 小時至 1 小時 30 分鐘。

蜜汁

將所有蜜汁食材混合在一起。

將蜜汁塗在五花肉上，放入烤箱烤 30 分鐘，重複數次。

烤到豬肉的中心溫度為攝氏 75 度。

瀝出醬汁，將醬汁煮剩至 20 厘升。

配菜

胡蘿蔔削皮，在鍋中加入一點點水和融化奶油翻炒胡蘿蔔。

在鍋中放入融化奶油，將鳳梨片炒至上色。

將胡蘿蔔、鳳梨、些許肉汁混合在一起。

盛盤上桌，搭配薯泥食用。

嫩煎雞肉佐田園奇異果

POULET SAUTÉ AUX KIWIS

完成時間：35 分鐘
烹調時間：15 分鐘

4 人份食材：

奇異果醬
2 根青蔥
3 厘升橄欖油
1 把檸檬草
1 顆奇異果
5 厘升蘋果醋
1 茶匙花香蜂蜜
30 厘升雞湯
½ 顆檸檬皮
法國四香粉
20 克奶油

配菜
300 克新馬鈴薯
8 顆蒜片
2 顆奇異果
油
奶油

雞肉
4 片雞胸肉（約 150 克）
油
奶油
鹽、胡椒

盛盤
2 湯匙蝦夷蔥末

奇異果醬汁

在鍋中加入橄欖油，以中火翻炒青蔥絲。加入檸檬草絲、奇異果片，以小火翻炒 2 至 3 分鐘。加入蘋果醋，煮至收汁 1/4。在鍋中加入蜂蜜和熱雞湯，以小火繼續煮約 5 至 8 分鐘，瀝出醬汁。

將檸檬皮泡過熱水後加入醬汁中，煮剩 8 至 10 厘升（約一個小型烤皿的量）。最後以法國四香粉調味，加入奶油，持續保溫。

配菜

將馬鈴薯洗淨，在冷鍋中倒入油、奶油，開大火煎，以蒜和少許鹽調味。蓋上鍋蓋，轉小火。馬鈴薯必須呈現金黃色，口感鬆軟，持續保溫。

將 2 顆奇異果削皮切塊，在鍋中加入奶油，以大火加熱，翻炒奇異果，持續保溫。

雞肉

將烤箱預熱至攝氏 160 至 170 度。

在鍋中加入少許油和奶油將雞肉煎至上色，以鹽和胡椒調味。

放入烤箱烤約 8 至 12 分鐘，瀝出醬汁保溫。

盛盤

將雞胸肉切片放入盤中，加入馬鈴薯、蒜、奇異果。倒入醬汁。

撒上蝦夷蔥末。

馬蜂橙蒸鱈魚佐石榴醬

CABILLAUD À LA VAPEUR
DE COMBAVA SAUCE
GRENADILLE

完成時間：**40 分鐘**
烹調時間：**5 至 7 分鐘**

4 人份食材：

4 片新鮮鱈魚
1 顆檸檬
1 顆馬蜂橙
4 片馬蜂橙葉
橄欖油
鹽

醬汁

4 顆石榴或百香果
10 厘升柳橙汁
1 顆紅蔥頭
10 厘升鮮奶油
1 茶匙咖哩粉
30 克奶油

配菜

160 克布格麥（*boulgour*）

醬料

將石榴榨汁，留幾顆種籽做裝飾。

以小火加熱柳橙汁、石榴汁、紅蔥頭末，煮到收汁 1/2 後加入鮮奶油和些許咖哩粉；繼續滾到醬汁呈現濃稠狀，最後再加入奶油。

配菜

在鍋中放入布格麥和兩倍的水，加入一點鹽。用小火煮 8 分鐘，蓋上鍋蓋後離火 4 分鐘讓布格麥漲大。準備就緒！持續保溫。

烹調

用檸檬汁、橄欖油、馬蜂橙皮、些許鹽將鱈魚醃製 10 分鐘。

將鱈魚和馬蜂橙葉混合在一起，放入蒸鍋，蒸氣上來後蒸 4 至 5 分鐘。

擺盤

在深盤裡放入布格麥。

放上鱈魚塊，淋上醬汁，擺上幾顆石榴種籽。

烤鮭魚佐覆盆子

DOS DE SAUMON RÔTI
AUX FRAMBOISES

完成時間：**35 分鐘**
烹調時間：**20 分鐘**

4 人份食材：

1 片帶皮鮭魚
½ 顆檸檬汁
5 厘升橄欖油

醬汁
10 厘升覆盆子醬汁
1 茶匙蜂蜜
3 厘升醬油
3 厘升覆盆子醋
4 至 5 片龍蒿葉
1 枝鋪地百里香或新鮮百里香
30 克奶油

炒菠菜
1 把菠菜
3 厘升橄欖油
½ 顆蒜
24 顆新鮮覆盆子

鹽、胡椒

將鮭魚切成 4 片，用檸檬汁和橄欖油醃製，放入冰箱。

醬汁

將果醬、蜂蜜、醬油、覆盆子醋攪拌在一起，用小火煮至收汁 3/4，加入龍蒿葉和百里香，加入奶油使醬汁滑順，以鹽和胡椒調味。

炒菠菜

將菠菜去梗，洗淨、瀝乾。

在鍋中加熱橄欖油，加入半顆蒜泥。

放入菠菜後快速翻炒，以鹽和胡椒調味。

加入覆盆子後再次加熱，持續保溫。

烹調魚

將烤箱預熱至攝氏 120 度。

用大火將鮭魚皮煎上色，將鮭魚淋油後放入烤箱烤 14 至 18 分鐘，讓鮭魚肉變成珍珠色。

將鮭魚放在菠菜上，在菠菜和盤子周圍放入覆盆子，淋上醬汁。

佛手柑糖醋鯖魚

ESCABÈCHE DE MAQUEREAU
À LA MAIN DE BOUDDHA

完成時間：**35 分鐘**
烹調時間：**15 分鐘**
等待時間：**48 小時**

4 人份食材：

4 片鯖魚
麵粉
橄欖油

醃製

1 顆中型洋蔥
1 條胡蘿蔔
25 厘升橄欖油
4 顆蒜
2 片薑
1 顆八角
1 枝百里香
10 厘升雪利酒醋
10 厘升水
4 顆櫻桃番茄
1 顆佛手柑

配菜

180 克瀝乾白乳酪
1 湯匙蝦夷蔥末
½ 顆紅蔥頭
2 片可麗餅

鹽、胡椒

醃製 / 糖醋醬

將洋蔥和胡蘿蔔削皮，切丁。

在鍋中加入橄欖油，以中火熱鍋，加入胡蘿蔔、洋蔥、蒜末、薑片、八角、百里香，輕輕翻炒，煮 8 至 10 分鐘。最後，加入醋和水做醬汁。

在鍋中加入切成四塊的櫻桃番茄、鹽、胡椒、佛手柑皮、柑橘片，放入冰箱。

可麗餅

將白乳酪、蝦夷蔥末、紅蔥頭末攪拌在一起，鋪在可麗餅上。將可麗餅捲成 2 公分長條狀，用保鮮膜固定形狀。放入冷凍庫幾個小時（至少 2 小時）讓可麗餅變硬，比較好切。

鯖魚

在熱鍋中加入些許油，將裹上麵粉的鯖魚放入鍋中煎。煎至輕微上色，讓魚肉保持半熟，放入盤中。將煮沸醬汁淋在鯖魚上，讓鯖魚達到剛好熟度；放入冰箱 1 至 2 天後再搭配可麗餅一起享用。

金頭鯛佐麝香葡萄

FILETS DE DAURADE ROYALE
AUX RAISINS MUSCAT

完成時間：**40 分鐘**

烹調時間：**15 至 18 分鐘**

醃製時間：**30 分鐘**

4 人份食材：

6 顆馬鈴薯

50 克新鮮杏仁

4 片金頭雕（每片約 200 克）

5 厘升橄欖油

1 顆綠檸檬

1 撮法國四香粉

2 撮粉紅胡椒粉

1 串麝香葡萄

2 顆洋蔥

10 厘升酸葡萄汁

5 厘升檸檬醋或蘋果醋

3 塊融化奶油

鹽

將馬鈴薯切成圓片，杏仁對切。用熱鹽水川燙馬鈴薯 2 分鐘，瀝乾備用。

用橄欖油、綠檸檬皮、法國四香粉、粉紅胡椒粉、些許鹽、一點綠檸檬汁醃金頭雕，放入冰箱 30 分鐘。

將烤箱預熱至攝氏 160 度。

將葡萄去皮去籽。

在鍋中以中火加熱奶油，放入洋蔥絲翻炒。

在烤盤裡放入魚片，周圍放上杏仁和馬鈴薯。

加入洋蔥和葡萄籽。

淋上酸葡萄汁和幾滴醋。

包上鋁箔紙後放入烤箱烤 15 分鐘。

取出烤盤，持續保溫。

瀝出醬汁，將醬汁煮到收汁後加入兩塊融化奶油。

將魚片放在盤中央，盤子周圍擺上配菜。淋上醬汁。

紅點鮭佐野生黑莓

FILET DE SAUMON
DE FONTAINE
AUX MÛRES SAUVAGES

完成時間：**45 分鐘**
烹調時間：**10 至 12 分鐘**

4 人份食材：

1 片紅點鮭（約 400 克）
橄欖油
1 顆檸檬
1 把野生黑莓
鹽

香料

1 茶匙肉桂粉
1 茶匙薑粉
3 顆丁香
½ 茶匙胡椒粉
1 顆八角

醬汁

25 厘升紅酒
30 克細砂糖
3 厘升黑莓醋或覆盆子醋
60 克野生黑莓
40 克生奶油

配菜

150 克新鮮蘑菇（凱薩蘑菇）
2 湯匙洋蔥泡菜

香料

所有香料混合在一起，過篩。口味固然因人而異，但香料在這份食譜中扮演重要角色。

將紅點鮭魚切片，以鹽和些許香料調味。淋上幾滴油和 1/4 顆檸檬汁備用。

醬汁

在鍋中倒入3/4紅酒，加熱煮沸以減少刺激。在鍋中加入糖、醋、野生藍莓，不加鍋蓋以中火繼續煮約 10 分鐘。煮好後加入一茶匙香料，繼續浸泡。

將黑莓籽瀝出，留下滑順醬汁，最後加入生奶油增加醬汁酸味。

烹調魚

在鍋中倒入 2 厘升橄欖油，以中火加熱，將魚皮朝下放入鍋中，在魚肉上淋油。根據魚片厚度煮 10 至 12 分鐘，魚肉會呈現輕微透明狀。

擺盤

將蘑菇切片。

將魚片放入熱盤中，以幾滴醬汁、洋蔥泡菜和蘑菇片作為裝飾。剩下的醬汁另外裝盛，可搭配蒸胡蘿蔔一起享用。

這道食譜很簡單，科西嘉柑橘是我在冬天經常使用的食材。

鱒魚佐雞油菌與柑橘

**FILETS DE TRUITE
AUX CHANTERELLES
ET CLÉMENTINES**

完成時間：**45 分鐘**
烹調時間：**30 分鐘**

4 人份食材：

4 片去骨鱒魚
1 顆蛋
4 片薄片吐司
鹽、胡椒

醬汁

1 顆柳橙
6 顆柑橘
1 顆紅蔥頭
20 克奶油

燉飯

½ 顆洋蔥
120 克義大利米（Arborio）
8 厘升白酒
75 厘升蔬菜湯
40 克康提起司
5 厘升新鮮奶油
橄欖油

配菜

150 克野生雞油菌
2 顆柑橘

在蛋中加入鹽和胡椒，打勻。

用刷子在魚皮刷上蛋液，將吐司包裹住魚皮，備用。

醬汁

準備柳橙皮，將兩顆柑橘撥開，去白絲。

榨柳橙和柑橘汁，在鍋中加入果汁、紅蔥頭末、柳橙皮，開小火煮至收汁 1/2，最後放入奶油，用攪拌棒將醬汁攪拌滑順，以鹽和胡椒調味。

燉飯

在鍋中加入橄欖油，以中火翻炒洋蔥末；加入米，翻炒至透明狀。倒入白酒，煮至收汁 1/2，倒入一點熱蔬菜湯和一點鹽。

適時地加入水，煮 15 至 18 分鐘，讓米的口感彈牙（稍硬）。

煮好後加入起司和一點奶油，試味道，上桌。

烹調魚

用大火熱鍋，加入幾滴油，將包覆魚皮的吐司朝下入鍋，煎至表面呈金黃色，在魚肉上淋油，以鹽和胡椒調味。

烹調時間很短（依據魚片厚度），魚肉必須在剛熟時取出。將魚片放在熱燉飯上時，魚片會繼續熟成來到剛好適合食用的程度。

擺盤

在鍋中翻炒雞油菌約 1 分鐘，加入柑橘片加熱。

將滾燙的燉飯放入深盤中，在盤子周圍放上雞油菌和柑橘，淋上醬汁。

貝爾維尤龍蝦微溫吃最美味。

貝爾維尤龍蝦佐葡萄柚

HOMARDS « BELLEVUE »
AU PAMPLEMOUSSE

完成時間：**45 分鐘**
烹調時間：**25 分鐘**

4 人份食材：

2 隻 500 至 600 克歐洲龍蝦
（一人 1/2 隻或 1 餐 1 隻）
8 顆鵪鶉蛋或 4 顆雞蛋
1 顆葡萄柚
4 條蘿蔔
4 顆燈籠果
4 條綠蘆筍

蔬菜白酒湯（court-bouillon）
1 條胡蘿蔔
1 根芹菜
½ 顆洋蔥
1 把法國香草
2 顆丁香
1 片月桂葉

香料蔬菜醬
5 厘升葡萄柚汁
2 顆蛋黃
1 湯匙芥末粉
25 厘升菜籽油
2 湯匙百里香末
1 茶匙龍蒿末

裝飾
100 克豆苗

在鍋中倒入半鍋水，將蔬菜白酒湯的食材全部加入，以小火煮約 20 分鐘。

拿掉龍蝦上的橡皮筋，將龍蝦浸入蔬菜白酒湯，不加鍋蓋煮 4 至 5 分鐘（烹調時間依龍蝦重量而定）。

取出龍蝦，放入冷水中冷卻，放常溫備用。

用滾水煮雞蛋 10 分鐘，若使用鵪鶉蛋則煮 3 分鐘。

將葡萄柚剝皮，剖成四半，保留果汁和果肉。

香料蔬菜醬

在鍋中倒入葡萄柚汁，開小火煮成糖漿狀，煮好後冷卻 5 分鐘。接著加入蛋黃、一茶匙芥末粉、美乃滋，慢慢加入油，最後加入香草，試味道。

將蘿蔔和燈籠果切成圓薄片。

用熱水川燙綠蘆筍 2 至 3 分鐘（視蘆筍大小而定），保留蘆筍脆度。取出蘆筍放入冰水中冷卻，瀝乾。

在盤中放入半隻或整隻龍蝦，放上美乃滋惡魔蛋、1/4 葡萄柚、蘿蔔、燈籠果片、蘆筍、豆苗。

冰島龍蝦燉酢橘醬

LANGOUSTINES
RÔTIES AUX SUDASHIS

完成時間：45 分鐘
烹調時間：40 分鐘

4 人份食材：

2 顆酢橘（*sudashis*）
8 隻冰島龍蝦
250 克熟荷蘭豆
（或其他綠色蔬菜）
5 厘升橄欖油
融化奶油
鹽、胡椒

調味醬

1 瓶蓋橄欖油（1 厘升）
5 厘升白蘭地
5 厘升白酒

奶油龍蝦酢橘醬

10 厘升酢橘醬
或 10 厘升柳橙汁
1 湯匙檸檬皮
80 克奶油

酢橘剝皮，剝成四份備用。

龍蝦去殼，龍蝦頭做調味醬，保留龍蝦尾殼。

調味醬

在鍋中加入橄欖油，開大火加熱，放入龍蝦頭煎至上色，約 3 至 4 分鐘。
倒入白蘭地點火，加入白酒後煮至收汁 1/2。在鍋中加滿水，用小火滾煮
30 分鐘。煮好後瀝出食材，繼續用小火將醬汁煮剩至 10 厘升。

奶油龍蝦酢橘醬

將酢橘醬或柳橙汁煮成糖漿狀（約 5 厘升），在鍋中加入龍蝦頭調味醬
和檸檬皮後，再次煮至收汁到 15 厘升，確認醬汁質地和味道。

最後加入奶油攪拌均勻，持續保溫。

烹調龍蝦

在熱鍋中加入橄欖油和融化奶油，將龍蝦煎上色。在蝦肉上淋油，每面
煮 40 秒；以些許鹽和胡椒調味。

擺盤

在深盤底部放入酢橘，並將龍蝦一隻隻放入盤子中央，荷蘭豆斜切放入
盤中，倒入醬汁。

這是一道可以品嚐到美味蒸馬鈴薯的清爽餐點。

蒸青鱈佐紅醋栗羅勒醬

LIEU JAUNE ÉTUVÉ, SAUCE VIERGE AUX GROSEILLES

完成時間：**45 分鐘**
烹調時間：**15 分鐘**
醃製時間：**1 小時**

4 人份食材：

青鱈（4 片約 80 克）
8 厘升橄欖油
1 厘升白酒
4 片蒔蘿葉
150 克鵝莓和 1 串紅醋栗

配菜

1 條櫛瓜
1 顆檸檬
1 湯匙蝦夷蔥末
50 克烤蕎麥
鹽、胡椒

番茄羅勒醬（Sauce vierge）

3 顆櫻桃番茄
　（或有濃厚香氣的番茄）
1 顆檸檬皮
1 顆紅蔥頭
1 湯匙檸檬汁
5 厘升巴薩米克醋
1 顆蒜
10 厘升橄欖油
鹽、辣椒粉

使用橄欖油、白酒、蒔蘿葉醃製魚片，放入冰箱。

配菜

用刨削器將櫛瓜刨成薄片，用滾水川燙八片櫛瓜 30 秒後放入冰水中。

將剩餘櫛瓜切成丁，加入鹽、胡椒、幾滴檸檬汁、蝦夷蔥末。

瀝乾櫛瓜薄片，將櫛瓜丁捲入櫛瓜薄片。

番茄羅勒醬

將櫻桃番茄切丁放入碗中，加入檸檬皮、紅蔥頭末、檸檬汁、巴薩米克醋、蒜末，淋上橄欖油，以鹽和辣椒粉調味；醃製至少 1 小時。

烹調魚

將烤箱預熱攝氏 150 度，將青鱈放入烤盤中，加入醬汁、鵝莓、紅醋栗，放入烤箱烤 12 至 15 分鐘。用刀鋒插入魚肉，取出刀鋒放在嘴唇上，如果刀鋒溫熱就表示魚肉熟了。

擺盤

取出烤盤。將魚肉放入盤中，淋上番茄羅勒醬，盤子周圍擺上櫛瓜鑲丁和醋栗。撒上烤黎麥。

我喜愛紙包料理，因為它會烹調出驚喜的滋味。

紙包紅鯔魚佐芒果

PAPILLOTE DE ROUGETS
À LA MANGUE

完成時間：**40 分鐘**
烹調時間：**20 分鐘**

4 人份食材：

8 片紅鯔魚
（每片重約 50 至 60 克）
1 顆檸檬汁
1 顆茴香
2 枝香菜
½ 顆芒果
橄欖油
鹽、胡椒

醬汁

1 顆紅蔥頭
5 厘升蘭姆酒
6 厘升巴薩米克醋
½ 顆芒果汁
4 顆百香果汁
1 茶匙魚露
1 顆檸檬皮
20 厘升魚高湯
30 克奶油

在紅鯔魚中加入幾湯匙橄欖油、幾滴檸檬汁、鹽、胡椒醃製。

茴香切薄片，用熱鹽水川燙，保持輕微脆口感。瀝出茴香，放冷備用。

醬汁

在鍋中加入橄欖油翻炒紅蔥頭末，加入魚骨，加入蘭姆酒點火。

在鍋中倒入醋，以小火煮至收汁 1/2，加入兩種果汁、魚露、檸檬皮、魚高湯，掀鍋蓋煮 20 分鐘。關火浸泡，瀝出食材，煮至收汁後，加入奶油用攪拌棒攪拌至醬汁光滑。

將烤箱預熱至攝氏 180 度。

芒果切片。用烤紙包住紅鯔魚、芒果片、茴香、香菜葉。

放入烤箱 15 至 18 分鐘。

上桌後和醬料一起品嚐，可以享受到魚、香料和水果被紙包烤過的香氣。

烤扇貝佐百香果羅勒醬

SAINT-JACQUES GRILLÉES
ET VIERGE DE GRENADILLES

完成時間：**30 分鐘**
烹調時間：**40 分鐘**

4 人份食材：

½ 顆根芹菜
½ 顆茴香
5 厘升橄欖油
1 茶匙茴芹籽
8 顆扇貝（或 12 顆作為主餐）
融化奶油
橄欖油

番茄羅勒醬

¼ 顆茴香
4 顆櫻桃番茄
1 顆蒜
10 根蝦夷蔥
10 片杏仁片
8 顆石榴或百香果
5 厘升橄欖油
1 顆柳橙皮
5 厘升百香果汁
1 湯匙蝦夷蔥
鹽、花椒（或白胡椒）

將芹菜和茴香削皮、切塊，在鍋中加入橄欖油，以中火翻炒。在鍋中加滿水，放入幾顆茴芹籽，蓋上鍋蓋煮 35 至 40 分鐘。

煮好後用攪拌機打成蔬菜泥，持續保溫。

番茄羅勒醬

將茴香和番茄切小塊。

切蒜末、蝦夷蔥末，將杏仁切小塊。

將石榴或百香果榨汁，保留幾顆種籽做裝飾。

除了蝦夷蔥外，將所有食材和橄欖油混合在一起，加入一瓶蓋百香果汁，試味道。

用大火熱鍋，加入些許橄欖油和融化奶油。

取出扇貝，將扇貝的一面煎至上色，約 42 秒，另一面煎約 30 秒。

將蔬菜泥放入盤中央，擺入扇貝，淋上番茄羅勒醬，撒上蝦夷蔥末和香菜末。

主餐
PLATS UNIQUES

烤牛肝菌無花果

CÈPES RÔTIS AUX FIGUES

完成時間：**45 分鐘**
烹調時間：**20 分鐘**

4 人份食材：
8 顆無花果
8 顆美味牛肝菌
　（選用 edulis 或 aerus 牛肝菌）
8 片無花果葉
8 厘升白酒

50 克奶油
20 克美味牛肝菌菇
3 顆蛋黃
2 顆全蛋
5 厘升雪利酒醋
鹽、胡椒

將烤箱預熱至攝氏 180 度。

將無花果對半切。

將牛肝菌洗淨後對半切，灑上鹽和胡椒。

用無花果葉包裹牛肝菌和無花果。

在鍋中倒入些許白酒，再將包裹於無花果葉中的牛肝菌與無花果放入鍋中，以大火加熱。煮開後蓋上鍋蓋放入烤箱，烤 15 至 20 分鐘。

在熱鍋中融化奶油，加入美味牛肝菌煮至呈焦糖色後，將多餘的油瀝出（留下牛肝菌另有用途）。

將蛋黃和全蛋攪拌均勻，加入鹽和醋後淋上熱奶油。放入虹吸管隔水加熱（攝氏 50 度）

將無花果烤牛肝菌淋上醬汁，搭配沙巴雍，上桌。

杏桃雞油菌佐金錢薄荷

**CHANTERELLES ET ABRICOTS
AU LIERRE TERRESTRE**

完成時間：**40 分鐘**
烹調時間：**25 分鐘**

4 人份食材：

杏仁慕斯
30 克杏仁片
200 克白乳酪
2 厘升杏仁糖漿增加香氣
1 顆蛋白
鹽

杏桃雞油菌泥
8 顆杏仁乾
1 顆紅蔥頭
1 條胡蘿蔔
200 克雞油菌

炒雞油菌
2 顆新鮮杏桃
400 克雞油菌
5 厘升油
20 克奶油
金錢薄荷或薄荷
3 厘升龍膽酒（Avèze®）

杏仁慕斯

以中火翻炒杏仁，或放入攝氏 150 度烤箱烤 5 至 6 分鐘，讓杏仁變成金黃色。將白乳酪和杏仁糖漿混和後，加入少許鹽、打發的蛋白，備用。

杏桃雞油菌泥

將杏桃乾切成丁，以小火將紅蔥頭末炒至金黃，加入紅蘿蔔片，加水淹過食材。蓋上鍋蓋後以小火煮 15 至 20 分鐘，直到紅蘿蔔軟化。加入雞油菌，蓋上鍋蓋繼續煮 5 分鐘。將鍋中食材攪拌成泥，持續保溫。

炒雞油菌

將杏桃去核切碎，用冷水將雞油菌快速洗淨。

以大火熱鍋，加入少許油和奶油，放入雞油菌輕柔翻煮 1 至 2 分鐘，直到雞油菌變金黃色。

加入杏桃丁和金錢薄荷（或用薄荷替代），加入龍膽酒（Avèze®）增加苦味。試味道後，持續保溫。

擺盤

將杏桃雞油菌泥沿盤子邊緣淋上，擺入炒雞油菌。將杏仁慕斯倒入盤中後，再加入幾片杏仁片。

紫甘藍佐鳳梨、蘋果與栗子

CHOU ROUGE À L'ANANAS, POMME ET CHÂTAIGNES

完成時間：**35 分鐘**

烹調時間：**1 小時 15 分鐘**

4 人份食材：

½ 顆紫甘藍

5 厘升橄欖油

1 顆紅洋蔥

1 顆蘋果醋

1 茶匙杜松子碎

1 湯匙蜂蜜

2 湯匙蘋果醋

2 片新鮮鳳梨

16 顆栗子

奶油

龍蒿葉

鹽、胡椒

香料

¼ 顆八角

1 把肉荳蔻

將紫甘藍切半，取心後切絲。

以中火熱鍋，加入橄欖油，放入紅洋蔥末輕輕翻炒 3 至 4 分鐘直到上色。

加入紫甘藍絲，蓋上鍋蓋，用小火煮 4 至 5 分鐘。

將蘋果削皮切塊放入鍋中，加入鹽、胡椒、杜松子碎、蜂蜜，攪拌並添加一點醋。

在鍋中倒入 1/4 滿的水，加入香料，蓋上鍋蓋用小火煮約 1 小時。不時攪拌，蘋果塊會慢慢融化，最後將奶油放入鍋中。

將鳳梨切成三角形後川燙。在鍋中放入奶油，將鳳梨炒至上色，放入栗子後呈盤，擺上幾片龍蒿葉做裝飾。

珊瑚扁豆燉波羅蜜

RAGOÛT DE LENTILLES CORAIL AUX FRUITS DU JACQUIER

完成時間：**30 分鐘**
烹調時間：**25 至 30 分鐘**

4 人份食材：

½ 顆中型洋蔥
10 厘升橄欖油
1 茶匙咖哩（中辣）
250 克珊瑚扁豆
60 厘升蔬菜湯
250 克番茄丁
1 顆蒜
20 厘升椰奶
1 湯匙香菜湯
250 克波羅蜜（新鮮或罐頭）

以中火熱鍋，加入橄欖油，放入洋蔥末炒至金黃。

撒上咖哩粉、加入扁豆、蔬菜湯後在鍋中加滿水、番茄丁、蒜末，蓋上鍋蓋煮 20 至 25 分鐘，讓扁豆保有輕微脆口感。

倒入椰奶後繼續煮幾分鐘，直至醬汁光滑濃稠。

盛盤後撒上香菜，放入波羅蜜。

試味道後，分裝成小盤。

藍紋起司梨子燉飯佐歐當歸

RISOTTO À LA POIRE ET BLEU
AU PARFUM DE LIVÈCHE

完成時間：**30 分鐘**
烹調時間：**20 分鐘**

4 人份食材：

香草奶油
50 克味道濃烈的奧維涅藍紋
起司（Auvergne）
2 湯匙巴西里末
2 湯匙歐當歸末（livèche）
5 厘升厚奶油

配菜
2 顆梨子
1 根肉桂
2 湯匙豆子
油
鹽

燉飯
½ 洋蔥末
½ 顆蒜
5 厘升橄欖油
250 克義大利白米（Arborio）
10 厘升白酒
1 公升蔬菜湯
鹽、胡椒

香草奶油

將奧維涅藍紋起司（Auvergne）融化後加入香草末和奶油，用攪拌棒攪拌均勻，這是最後要做燉飯的醬汁。

配菜

梨子削皮，大火熱鍋，加入幾滴油將梨子炒至上色，讓梨子繼續煮到軟化，最後將肉桂粉撒在梨子上。

水滾後加鹽後放入豆子，瀝出豆子放涼，試味道，備用。

燉飯

鍋中放入橄欖油，以小火將洋蔥末和半顆蒜炒至上色；2 至 3 分鐘後加入米，加水後慢慢煮至米粒變透明。倒入白酒煮至收汁 1/2，放入預熱的部分蔬菜湯。用小火燉煮，不時加入高湯。

燉煮約 15 至 20 分鐘後，加入香草奶油。試味道，放入豆子，盛入深盤。

在燉飯中放入梨子。

獨享甜點
DESSERTS
À L'ASSIETTE

蜜柑巴巴
292

龍蒿蛋白霜塔佐芒果與綠檸檬
294

接骨木油桃法式奶凍
296

冰火柿子佐開心果、刺果番荔枝雪酪
298

蘋果櫻桃克拉芙緹塔
300

大麥脆片佐草莓接骨木花
302

柑橘甜點盤
304

栗子法式薄餅
306

杏李佐苦杏仁
308

紅莓果漂浮島佐菊蒿
310

梨子甜點盤
312

覆盆子千層派佐覆盆子龍蒿雪酪
314

黃香李烤麵包佐鋪地百里香
316

覆盆子義式奶酪
318

焦糖羊肚菌佐梨子與香蕉
320

紅酒燉威廉斯梨塔
322

香米布丁佐椰奶、芒果與百香果
324

覆盆子布列塔尼圓餅佐繡線菊奶油
326

綠檸檬柑橘布列塔尼圓餅
328

五線譜雪酪
330

柑橘舒芙蕾
332

杏桃薰衣草杏仁塔
334

熟酒塔
336

黃香李塔
338

桃子千層酥
340

分享甜點
DESSERTS
À PARTAGER

香料焦糖鳳梨
342

烤桃子佐鋪地百里香
368

櫻桃甜甜圈佐香車葉草
344

水果百匯沙拉佐芒果與百香果醬
370

蘋果菊蒿奶油夏洛特蛋糕
346

熱帶水果帕芙洛娃蛋糕佐酪梨奶油
372

椰子百香果法式烤布蕾
348

馬鞭草紅酒燉桃子
374

橙酒班戟可麗餅佐紅莓果
350

燈籠果佐松樹糖漿
376

桃梨莓奶酥金寶
352

檸檬奶油沙布列夾心餅
378

蘋果派
354

草莓聖多諾黑佐香車葉草
380

酸櫻桃黑森林蛋糕
356

薰衣草水果沙拉
382

蕎麥柚子塔
358

奇異果塔
384

無花果塔
360

熱帶水果塔
386

焗烤柑橘佐藏紅花
362

梨子栗子舒芙蕾塔
388

開心果塔佐覆盆子與藍莓
364

反烤香料榅桲塔
390

柳橙雪酪
366

6 人份食材：

巴巴麵團
240 克 T45 麵粉
15 克細砂糖
13 克新鮮酵母
2.5 克鹽
340 克蛋
70 克無鹽奶油

糖漿
1 升礦泉水
300 克細砂糖
100 克百香果泥
1 顆綠檸檬皮

蜜柑奶油
20 厘升蜜柑汁
5 厘升檸檬汁
3 顆蛋黃
70 克細砂糖
40 克玉米澱粉（Maïzena®）
100 克鮮奶油
30 克馬斯卡彭起司

蜜柑醬
280 克蜜柑皮（4 顆蜜柑）
2.8 克 NH 果膠粉
28 克細砂糖
150 克新鮮蜜柑丁
½ 顆綠檸檬汁

蜜柑塊
3 至 4 顆蜜柑

蜜柑果凍
300 克蜜柑汁
10 克細砂糖
3 克洋菜

蜜柑果膠
250 克蜜柑汁
8 克檸檬汁
25 克細砂糖
3 克洋菜

糖漬蜜柑皮
1 顆蜜柑
30 厘升礦泉水
330 克細砂糖

蜜柑巴巴

BABA MIKAN

前一天

巴巴麵團

將烤箱預熱至攝氏 165 度。

將除了蛋和奶油的所有食材倒入裝有槳狀的攪拌盆裡攪拌。將蛋接續打入攪拌盆中，麵團會成形，且在打入每顆蛋時麵團會黏在攪拌盆上。巴巴麵團必須有筋性，不要過熱。一旦將麵團打出筋性後，在攪拌盆中倒入預熱奶油。

攪拌機開中速打 1 分鐘，直到麵團攪拌均勻呈現光滑狀。

將麵團捲在鋪有烤紙的丹麥管（直徑 2 公分），靜置在烤箱旁 1 小時。放入烤箱烤 20 分鐘。

將烤好的巴巴麵團放在乾燥處。

隔天

糖漿

在鍋中將水和糖煮成糖漿，加入百香果泥和綠檸檬皮。將糖漿淋在巴巴上，浸潤至糖漿變涼，這時候巴巴會變軟；如果巴巴不夠軟，請重複此動作。

蜜柑奶油

在鍋中將柑橘汁煮滾，加入蛋液、糖、玉米澱粉，攪拌均勻。

將醬汁倒入另一鍋中，煮成卡士達醬。倒入盤中，蓋上保鮮膜後放入冰箱。

將鮮奶油和馬斯卡彭起司攪拌，慢慢地加入卡士達醬中攪拌均勻。冷卻後倒入圓口擠花嘴的擠花袋中。

蜜柑醬

蜜柑去皮。果肉去果膜，保留新鮮果肉以備裝飾。

將蜜柑皮切大塊，放入鍋中小火翻炒，加入果膠粉、糖、些許水，煮 3 分鐘。

冷卻後用攪拌機攪拌。

在砧板上將蜜柑果肉切成小塊。

將蜜柑塊放入蜜柑醬中，加入綠檸檬汁保鮮。

蜜柑塊

將蜜柑去皮、去果膜，切塊備用。

蜜柑果凍

在鍋中加入蜜柑汁、糖、洋菜，煮沸。

在盤子上放一片抹油的塑膠片（papier guitare），倒入果凍，蓋上蓋子，放入冰箱直到凝固。使用 15 毫米圓形模具切割果凍，冷藏備用。

蜜柑果膠

鍋煮蜜柑汁，煮沸後加入糖和洋菜。放入冰箱 1 小時，取出後用攪拌機攪拌。

糖漬蜜柑皮

將蜜柑洗淨、去皮，川燙 3 次。製作糖漿，加入蜜柑皮，以小火煮 1 小時。

組裝

在盤中央放入圓形果凍，周圍放上與果凍上一樣大小的巴巴蛋糕。

在巴巴蛋糕上接續放入糖漬蜜柑、蜜柑塊、蜜柑奶油……確保每一口都能品嚐到新鮮又獨特的滋味。

龍蒿蛋白霜塔佐芒果與綠檸檬

BARQUETTE MERINGUÉE
MANGUE, CITRON VERT
ET ESTRAGON

完成時間：**1 小時**
烹調時間：**12 分鐘**
靜置時間：**1 小時**

10 人份食材：

4 顆芒果
1 顆綠檸檬
紅蘭姆酒

甜塔皮

250 克常溫奶油
200 克糖粉
120 克蛋
500 克 T55 麵粉

檸檬芒果奶油

80 克芒果肉
80 克綠檸檬汁
130 克細砂糖
250 克蛋
200 克奶油
2 片龍蒿葉

龍蒿果凍

10 克礦泉水
50 克細砂糖
1 克洋菜
½ 把龍蒿

義式蛋白霜

200 克細砂糖
5 厘升礦泉水
100 克蛋白

將芒果削皮，剖半，去籽。

將芒果切成長條薄片，平放在盤子上。在芒果片上撒綠檸檬皮，淋上綠檸檬汁和蘭姆酒。

醃製後將芒果片捲起。

甜塔皮

將烤箱預熱至攝氏 165 度。

將常溫奶油和糖粉打成乳白色，加入蛋和麵粉攪拌。

不必將麵團揉至光滑，用保鮮膜包住麵團後放入冰箱至少 1 小時。

將麵團桿成 2 毫米厚，放入橢圓形模具。

放入烤箱烤約 12 分鐘，可延長烘烤時間，將麵團烤出漂亮的金黃色。

檸檬芒果奶油

以小火熱鍋，在鍋中加入芒果肉、綠檸檬汁、糖、蛋，攪拌至煮沸。

倒出醬汁，加入切成小方塊的奶油，用手持攪拌機攪拌。

攪拌均勻後加入龍蒿葉末，再次攪拌，冷藏備用。

龍蒿葉果凍

在鍋中加入水、糖、洋菜，小火煮沸。

將煮沸糖水倒在龍蒿葉上靜置 1 分鐘。

將龍蒿水瀝出，倒入冰鎮過的 2 毫米深盤中。

冷卻後取出果凍，切方塊狀，將剩餘的果凍邊攪拌成果膠。

義式蛋白霜

將糖和水倒入鍋中加熱。

當煮糖的溫度達到攝氏 110 度，開始輕輕地攪拌至 118 度。

將糖漿倒入蛋白中，用攪拌機高速攪拌至蛋白霜冷卻。

在甜塔皮上放入檸檬芒果奶油，擺上芒果片，再以義式蛋白霜點綴。

用料理噴槍為甜點營造美麗的外觀，最後擺上幾顆龍蒿葉果凍裝飾。

接骨木油桃法式奶凍

BLANC-MANGER
AUX NECTARINES
PARFUMÉES AU SUREAU

完成時間：**12 小時**
烹調時間：**10 分鐘**
靜置時間：**12 小時**

4 人份食材：

法式杏仁奶凍（Blanc-manger）
3 片吉利丁（6 克）
或 2 克洋菜
250 克白乳酪
50 克細砂糖
250 克打發鮮奶油
2 滴苦杏仁精華液

糖漬油桃
20 厘升水
200 克細砂糖
60 厘升白酒
接骨木花
1 顆檸檬皮
12 顆油桃
½ 顆檸檬汁

裝飾
開心果粒
接骨木花

前一天

法式杏仁奶凍

將吉利丁浸泡於冷水中。

將白乳酪跟糖攪拌在一起。在鍋中將 5 厘升水煮沸，加入吉利丁。將吉利丁溶於其中的沸水一邊攪拌一邊加入白乳酪中，攪拌均勻後分兩次加入打發鮮奶油，滴入 2 至 3 滴苦杏仁精華液。將奶凍倒入小型烤皿，冷藏至少 12 小時。

當天

糖漬油桃

在鍋中加入水、糖、白酒、接骨木花、檸檬皮，煮沸後繼續滾 10 分鐘。

在此期間，將油桃放入滾水中幾秒（請參見第 126 頁），取出後放入冷水，去油桃皮。

將油桃放入糖漿中慢煮 5 至 8 分鐘，依據糖漬程度決定烹調時間。

接著，小火收汁，將糖漿淋在油桃上，冷藏。

在一半的糖漬油桃中加入幾滴檸檬汁，攪拌成醬汁。

擺盤

從小型烤皿中取出奶凍，將奶凍放入深盤中。在奶凍中間和周圍淋上油桃醬，擺上油桃塊。

用開心果粒和接骨木花裝飾。

這道甜點也可以使用其它水果，例如杏桃、桃子、李子、黃香李……

冰火柿子佐開心果、刺果番荔枝雪酪

CHAUD ET FROID DE KAKIS À LA PISTACHE, SORBET COROSSOL

完成時間：**35 分鐘**
烹調時間：**15 分鐘**

4 人份食材：

4 顆成熟柿子
5 厘升橄欖油
1 顆檸檬汁
1 顆檸檬皮和薑皮
50 克奶油

刺果番荔枝雪酪

250 克刺果番荔枝泥
150 克香草糖漿（很多水和糖）

開心果英式蛋奶醬

50 厘升全脂鮮奶
30 克開心果醬
4 顆蛋黃
50 克細砂糖
1 湯匙玉米澱粉（Maïzena®）

裝飾

開心果碎末

柿子削皮，切成 1 公分厚圓片。在柿子片中加入橄欖油、檸檬汁、檸檬皮、薑皮，醃製。冷藏備用。

刺果番荔枝雪酪

將刺果番荔枝泥和糖漿攪拌均勻，放入製冰淇淋機中。冷凍保存。

開心果英式蛋奶醬

在鍋中將鮮奶煮沸，加入開心果醬。

將蛋黃、糖、玉米澱粉攪拌均勻，倒入開心果醬與牛奶中。將開心果牛奶醬倒入鍋中，以中火攪拌幾分鐘。

在煮滾之前，確認奶油黏在攪拌棒上不滴落。用手指確認奶油質地是否厚實，如果煮過頭，請將奶油過篩，快速冷卻。冷藏備用。

在鍋中放入奶油，以中火加熱，放入柿子片煎至上色。

在盤內倒入些許開心果英式蛋奶醬，擺上幾片柿子。用開心果和刺果番荔枝雪酪裝飾。

蘋果櫻桃克拉芙緹塔

CLAFOUTIS POMMES CERISES

完成時間：40 分鐘
烹調時間：15 至 20 分鐘

4 人份食材：

克拉芙緹麵糊
80 克麵粉
90 克杏仁粉
170 克細砂糖
23 厘升鮮奶油
225 克白乳酪
5 顆蛋
90 克融化奶油

配料
3 至 4 顆蘋果
15 至 20 顆櫻桃
奶油
紅糖
龍蒿葉

克拉芙緹麵糊

在沙拉碗中倒入所有材料粉，接著慢慢地加進奶油、白乳酪、蛋、融化奶油，用攪拌棒攪拌均勻。

在準備水果時，放入冰箱冷藏。

配料

將蘋果削皮，切丁。

在鍋中加熱奶油和些許紅糖，放置冷卻。

將櫻桃去籽，切成四塊。

將蘋果丁、櫻桃塊、龍蒿葉末混合在一起。

裝飾

將烤箱預熱至攝氏 180 度。

在烤盤中放上幾個小烤皿，將克拉芙緹麵糊攪拌均勻倒入小烤皿中，放入混合好的水果。

放入烤箱烤約 15 至 20 分鐘，烤至上色。烤到一半時，別忘了將烤盤換邊再繼續烤。

大麥脆片佐草莓接骨木花

CROUSTILLANT D'ORGE AUX FRAISES ET FLEURS DE SUREAU

完成時間：2 小時 30 分鐘
烹調時間：10 分鐘
靜置時間：4 小時

6 人份食材：

大麥瓦片
60 克蛋白
60 克細砂糖
40 克 T55 麵粉
2 克大麥粉
60 克奶油
1 撮可可粉

大麥奶油
10 克大麥
8.3 厘升牛奶
55 克鮮奶油
1 片吉利丁（2 克）
40 克蛋黃
24 克細砂糖
1 克鹽
59 克奶油

接骨木奶油
7 克接骨木花
12.5 厘升鮮奶
42 克鮮奶油
1 片吉利丁（2 克）
33 克蛋黃
13 克細砂糖

草莓凍
100 克草莓汁
2 克吉利丁
1 克洋菜
10 克細砂糖

草莓雪酪
3.2 厘升水
63 克細砂糖
150 克草莓泥
1 茶匙檸檬汁

裝飾
24 顆草莓
接骨木花

大麥瓦片

在碗中將蛋白、糖、麵粉、大麥粉攪拌均勻，加入融化奶油和一撮可可粉，靜置至少 1 小時。

將麵團用抹刀平鋪在覆有烤紙的長方形烤盤上，放入攝氏 165 度烤箱烤 3 分鐘。

取出後，立即將長方形麵團用丹麥管捲成直徑 5 至 6 公分的圓柱。

大麥奶油

將大麥鋪在覆有烤紙的烤盤上，放入烤箱以攝氏 150 度烤 7 分鐘。

取出後，將大麥浸泡在鮮奶和鮮奶油中 2 小時。

瀝出大麥。將吉利丁放入冰水中。

將浸泡過的鮮奶和鮮奶油倒入鍋中，以小火滾煮至沸騰。

在碗中加入蛋黃、糖、鹽攪拌均勻，倒入鍋中與熱鮮奶和鮮奶油混和，以攪拌棒攪拌後離火，備用。

接著，以中火將煮好的英式蛋奶醬加熱至攝氏 83 度，或質地呈現光滑狀。用攪拌棒攪拌。

煮好後離火，加入瀝乾的吉利丁。將英式蛋奶醬倒入乾淨的冷碗中。

等到英式蛋奶醬降溫至攝氏 50 度時，加入奶油。用保鮮膜直接覆蓋後，立即放入冰箱。

奶油須在非常冰冷的狀態下食用。

接骨木奶油

將接骨木花浸泡在鮮奶和鮮奶油中 10 分鐘。將鮮奶和鮮奶油過篩，擠乾接骨木花中的液體。

把吉利丁片放入冰水中。

將浸泡過的鮮奶和鮮奶油倒入鍋中，小火滾煮。在碗中加入蛋黃、糖、鹽攪拌均勻後倒入鍋中，一起與熱鮮奶和鮮奶油用攪拌均勻後離火備用。

接著，以中火將煮好的英式蛋奶醬加熱至 83 度用攪拌棒攪拌，或直到呈現光滑狀。

煮好後離火，加入瀝乾吉利丁片。

將英式蛋奶醬倒入乾淨的冷碗中，以保鮮膜直接覆蓋後放入冰箱。

使用時，將奶油放入虹吸氣壓瓶中，依照想要的質地放上一或兩根氣管。

草莓凍

在鍋中將草莓加熱至攝氏 40 度，加入吉利丁、洋菜、糖，混合均勻。將果膠滾 2 分鐘，過篩，冷卻至攝氏 45 度。

將 1 毫米厚的果膠倒在光滑塑膠片上，放入冰箱。

等到果膠成形，翻轉塑膠片，輕輕取下草莓凍。輕柔地用模具切成想要的形狀。

草莓雪酪

將水和糖煮成糖漿後，加入草莓果泥和檸檬汁，攪拌後放入冰箱。

將果泥倒入冰淇淋機中，製成時間約 1 小時 30 分鐘。

直接在冰淇淋機中用湯匙做草莓雪酪球或半圓形草莓雪酪更容易操作。

組裝與擺盤

在盤中央放入兩片大麥瓦片。

將其中一片大麥瓦片放上一半大麥奶油和一半草莓丁，再疊上草莓凍並以接骨木花裝飾。

在另一片大麥瓦放上一半草莓丁和一半接骨木奶油。

最後放上草莓雪酪，讓雪酪與兩片瓦片呈現三角形。

取 1/4 顆草莓兩片與 1/2 顆草莓兩片作擺盤裝飾。

您也可以再放上一小束接骨木花點綴。

完成時間：6 小時
烹調時間：2 小時 10 分鐘
靜置時間：24 小時

8 人份食材：

柑橘雪酪
90 克細砂糖
130 克葡萄糖
3 克冰淇淋穩定劑
10 厘升礦泉水
1 升柑橘汁

餅乾
4 顆蛋
160 克細砂糖
65 克轉化糖漿
200 克 T55 麵粉
2 克鹽
9 克發酵粉
17.5 厘升葡萄籽油

柑橘奶油
20 厘升柑橘汁
5 厘升檸檬汁
10 克檸檬皮
3 顆蛋黃
70 克細砂糖
40 克玉米澱粉（Maïzena®）
100 克鮮奶油
30 克馬斯卡彭起司

柑橘醬
500 克柑橘
225 克細砂糖
25 克轉化糖漿

柑橘凍
250 克新鮮柑橘汁
8 克檸檬汁
25 克細砂糖
3 克洋菜

柑橘凍片
100 克柑橘凍
15 克麥芽糊精

糖漬柑橘皮
1 顆柑橘
130 克細砂糖
30 厘升水

柑橘果肉
2 顆柑橘

柑橘甜點盤

DESSERT CLÉMENTINE

前一天

柑橘雪酪

在鍋中將糖、葡萄糖、冰淇淋穩定劑混合，加入溫水，攪拌至煮沸，使冰淇淋穩定劑發揮作用。煮沸後加入柑橘汁，冷凍 24 小時；放入 Pacojet® 冰磨機。

當天

餅乾

將烤箱預熱至攝氏 180 度。

在攪拌機中放入蛋、糖、轉化糖漿（保留吸濕性），攪拌之後會漲大 3 倍。接著慢慢地加入麵粉、鹽、發酵粉攪拌，避免麵團散開。最後加入油，將麵團打至光滑。

將麵團放入預先上油的直徑 8 公分圓形模具中，放入烤箱烤約 10 分鐘。

柑橘奶油

在鍋中加入柑橘汁和檸檬皮煮沸，倒入預先攪拌好的蛋、糖、玉米澱粉，攪拌均勻。將醬汁倒入另一鍋中，煮成卡士達醬。

倒入盤中，將保鮮膜直接覆蓋在卡士達醬上，放入冰箱至少 2 小時。

將鮮奶油和馬斯卡彭起司混和，慢慢地將卡士達醬加入，攪拌均勻。將柑橘奶油放入擠花袋中。

柑橘醬

洗淨柑橘，去蒂頭。用叉子將柑橘皮戳洞，放入加滿水的鍋中。開火加熱，將柑橘川燙三次。川燙好後，在另一鍋中放入柑橘、糖、轉化糖漿、10 厘升水，蓋上鍋蓋，以小火煮至少 2 小時。

煮好後，用攪拌機將鍋中柑橘打成醬。在餅乾上抹一層薄薄的柑橘醬。

柑橘凍

在鍋中將柑橘汁、糖、洋菜煮沸，放入冰箱冷藏。2 小時後果凍成形，用攪拌機攪拌。

柑橘凍片

將 100 克柑橘凍和麥芽糊精混合後，平鋪在上油的矽膠墊（Silpat®）上。以攝氏 85 度烤 1 小時。取出後，在柑橘瓦片冷卻前輕柔地弄皺，保存在乾燥處。

糖漬柑橘皮

將柑橘皮洗淨，川燙 3 次。接著用糖和水煮糖漿，將柑橘皮放入糖漿中，以小火煮 1 小時。

柑橘果肉

取下柑橘果肉，組裝時使用。

組裝

將餅乾切塊。在餅乾和盤子上擠柑橘奶油。加入柑橘果肉、柑橘凍、糖漬柑橘皮。最後放上雪酪球，在上方擺入柑橘凍片。

栗子法式薄餅

FEUILLES À FEUILLES
GAVOTTES AUX CHÂTAIGNES

完成時間：**1 小時 15**
烹調時間：**8 至 10 分鐘**
靜置時間：**1 小時**

4 人份食材：

栗子奶油
50 厘升全脂牛奶
½ 條香草籽
50 克細砂糖
3 顆蛋黃
50 克玉米澱粉（Maïzena®）
25 克奶油
1 瓶蓋蘭姆酒
150 克栗子泥（或栗子奶油）
10 厘升打發鮮奶油

法式薄餅
12 厘升全脂牛奶
30 克奶油
30 克細砂糖
30 克 T55 麵粉
1 顆蛋

裝飾（自由添加）
2 顆糖漬栗子
乾栗子片
5 厘升榲桲汁或梨子汁

栗子奶油

在鍋中加入鮮奶和半條香草莢，以小火煮沸。

在另一鍋中加入糖、蛋黃、玉米澱粉、些許鮮奶，用攪拌棒攪拌。倒入剛才的熱鮮奶，再次攪拌；保持煮沸狀態，持續攪拌至奶油質地變厚實，在煮沸狀態數 30 秒後關火。將其倒入陶罐，加入奶油、一瓶蓋蘭姆酒、栗子泥，攪拌均勻，放置冷卻。

奶油冷卻後，以刮刀輕輕拌入打發鮮奶油，完成！

法式薄餅

將烤箱預熱至攝氏 160 度。

在鍋中加入鮮奶、奶油、糖，以小火加至溫熱。

在沙拉碗中加入麵粉和蛋，用攪拌棒攪拌至光滑。將麵團倒入鍋中加溫，攪拌均勻。

放入冰箱至少 1 小時。

在 Tefal® 烤盤或硅油紙上將麵團鋪平成 1 至 2 毫米厚。

放入烤箱烤約 8 至 10 分鐘，取出烤盤，冷卻。

擺盤

將栗子奶油裝入星星凹槽擠花嘴的擠花袋中，擠入碗中，讓外觀看起來潔淨。

從烤盤上取下法式薄餅，切成不規則狀放在栗子奶油上。

用糖漬栗子塊和乾栗子片裝飾，最後在周圍淋上榲桲汁或梨子汁。

完成時間：1 小時 30 分鐘
烹調時間：2 小時 15 分鐘至
　　　　　12 小時 15 分鐘
靜置時間：4 小時

杏李佐苦杏仁

FLAVOR KING, AMANDE AMÈRE

6 人份食材：

苦杏仁奶酥（無麩質）
50 克冷奶油
50 克糙米粉
50 克杏仁粉
50 克紅糖
1 撮鹽
1 茶匙苦杏仁精

苦杏仁香緹鮮奶油（無乳糖）
100 克椰子奶油
20 克細砂糖
1 茶匙苦杏仁精

杏李醋
50 克杏李汁
30 克白醋
30 克野生蜂蜜
12 厘升葡萄籽油

杏李凍片
5 厘升水
50 克杏李泥
10 克細砂糖
1 克洋菜
1 撮維生素 C
15 克麥芽糊精（或甜菊糖）

杏李雪酪
5 厘升水
63 克細砂糖
150 克杏李泥
1 茶匙檸檬汁

裝飾
2 顆杏李
酢漿草

苦杏仁奶酥（無麩質）

將烤箱預熱至攝氏 180 度。

所有材料放入碗中，用自動或手動攪拌機攪拌至質地呈現砂狀。

將奶酥糊倒入已鋪上烤紙的烤盤中，放入烤箱烤 12 分鐘。

苦杏仁香緹鮮奶油（無乳糖）

一邊用攪拌器攪拌椰子奶油，一邊慢慢地加入糖。

倒入杏仁精後用抹刀攪拌（因為奶油已經打發），放入冰箱冷藏。

杏李醋

將杏李汁和白酒醋攪拌均勻，加入蜂蜜，再次攪拌；慢慢倒入油，攪拌至油完全融合進醬汁中。

杏李凍片

在滾水中加入杏李泥、糖、洋菜，煮成果膠。將果膠從鍋中倒出，冷藏至少 2 小時。

用手持攪拌機攪拌果膠，加入麥芽糊精或甜菊糖和維生素 C。將攪拌後的果膠平鋪在 Silpat® 矽膠墊上。

放入攝氏 85 度烤箱烤 2 小時，或 65 度烤一整晚。

翻過矽膠墊，輕輕取下杏李凍片（從烤箱拿出後，馬上取下杏李凍片較容易操作）。

杏李雪酪

在鍋中加入水和糖煮成糖漿，加入杏李泥和檸檬汁，攪拌均勻，放入冰箱冷藏。

倒入冰淇淋機中靜置 1 小時 30 分鐘。

將製作好的雪酪做成球形或水餃狀。（雪酪一做好就馬上塑形較容易操作。）

組裝

在碗底放入苦杏仁奶酥，擠上三球苦杏仁香緹鮮奶油，留下碗中央的位置放杏李雪酪。

在苦杏仁香緹鮮奶油中間放入三片杏李片，在上面淋上杏李醋。

在碗中央放入杏李雪酪，並在上面放一片杏李凍片。

根據您的喜好加入花瓣和酢漿草。

紅莓果漂浮島佐菊蒿

ÎLE FLOTTANTE
AUX FRUITS ROUGES
À LA TANAISIE

完成時間：**1 小時**
烹調時間：**20 分鐘**
靜置時間：**4 至 5 小時**
冷藏時間：**12 小時**

4 人份食材：

120 克混合紅莓果
（覆盆子、草莓、藍莓）

英式蛋奶醬
500 克全脂鮮奶
250 克鮮奶油
18 克菊蒿葉
6 顆蛋黃
130 克細砂糖

柳橙凍片
70 克奶油
200 克細砂糖
75 克 T55 麵粉
1 顆柳橙

鮮奶油
120 克蛋白（4 顆蛋）
60 克細砂糖

裝飾
糖漬紅莓果
菊蒿葉

前一天

英式蛋奶醬

在鍋中加入鮮奶和鮮奶油，在煮滾之前倒入有蓋容器，加入菊蒿葉，蓋上蓋子，放入冰箱冷藏浸泡 4 至 5 小時。

浸泡後將牛奶瀝進鍋中，用小火煮。

在此期間，將蛋黃和糖打發，加入些許鮮奶稀釋。將所有材料倒入另一鍋中，以抹刀邊攪拌邊煮，直到濃稠（攝氏 85 度）。

將蛋奶醬倒出，放入冰箱冷藏至隔日。

柳橙凍片

奶油融化備用。

將所有粉末和柳橙皮攪拌均勻，加入柳橙汁和融化奶油。攪拌均勻後，放入冰箱冷藏至隔日。

當天

柳橙凍片

將烤箱預熱至攝氏 180 度。

在烤盤上鋪烤紙或 Silpat® 矽膠墊，用湯匙將麵團做成您想要的圓形大小（或其他形狀）。

放入烤箱烤約 7 至 8 分鐘，直到麵團呈現漂亮焦糖色。

鮮奶油

將蛋白分三次加糖打發，打好的蛋白霜必須緊實無顆粒。

這時我們會用圓形模具將奶油塑形（您可以根據想要的形狀選擇模具），放入有洞的烤盤容器中，以攝氏 60 至 65 度的蒸烤方式烤 8 至 10 分鐘。

取出烤好的奶油，用茶匙輕輕地將每一個奶油（漂浮島）中間挖洞，放入些許紅莓果備用。

裝飾

在深盤中倒入英式蛋奶醬，然後將漂浮島放在盤中央，並且擺上柳橙凍片。

在英式蛋奶醬中放入糖漬紅莓果，最後在柳橙凍片上擺放菊蒿葉。

完成時間：**6 小時**
烹調時間：**25 分鐘**

8 人份食材：

梨子酥
200 克酥皮（請參照食譜
「桃子酥」第 354 頁）
2 顆威廉斯梨（Williams）
麵粉

榛果餅乾
160 克奶油
8 顆蛋白
150 克細砂糖
65 克 T55 麵粉
65 克榛果粉
2 顆蛋
6 克發酵粉

法式薄餅
50 克礦泉水
50 克奶油
3 克鹽
50 克 T55 麵粉
90 克糖粉
100 克蛋白

烤榛果
100 克去殼榛果

梨子果膠
250 克梨子泥
25 克檸檬汁
15 克細砂糖
2 克洋菜

綜合香料
5 根肉桂
5 顆八角茴香
5 顆綠色肉豆蔻

韃靼梨子
2 顆新鮮梨子
1 顆黃檸檬
30 克梨子果膠
1 撮綜合香料
10 克烤榛果

香料焦糖梨子
100 克細砂糖
1 撮綜合香料
15 克奶油
1 顆梨子

梨子雪酪
9 厘升礦泉水
80 克細砂糖
130 克霧化葡萄糖粉
3 克 S 冰淇淋穩定劑
1 公斤梨子泥
25 克檸檬汁

梨子甜點盤

LA POIRE DANS TOUS SES ÉTATS

梨子酥

在台面撒上麵粉，將酥皮桿成 3 毫米厚。
將酥皮放入冷凍庫冷凍 15 分鐘，冷凍
後的酥皮較好切成梨形。

將 2 顆川燙過的梨子削皮，去心，切成
四瓣。將梨子切成薄片，確保薄片擺在
一起會呈現梨形。

將梨子薄片輕柔地擺放在酥皮上，放入
烤箱以攝氏 180 度烤約 15 分鐘。取出
後淋上糖漿，讓表皮看起來光亮。

榛果餅乾

在鍋中將奶油加熱至攝氏 140 度後，放
置冷卻至 50 度。

在攪拌機中將蛋白和 65 克糖打成蛋白
霜。同時，在攪拌盆中倒入麵粉、榛果
粉、蛋、剩下的糖、發酵粉，攪拌均勻。
將冷卻至 50 度的奶油倒入盆中，輕柔
地和蛋白霜混合在一起，麵團必須達到
光滑的程度。在 Silpat® 矽膠墊上將麵團
平鋪 1 公分厚，烤約 10 分鐘。

法式薄餅

在鍋中加入水、奶油、鹽，煮沸；加入
麵粉、糖粉、蛋白，將麵糊以小火煮 3
分鐘，麵糊必須呈現輕微濃稠狀。

在上油的 Silpat® 矽膠墊鋪上一層薄薄的
麵糊，放入烤箱以攝氏 180 度烤約 8 分
鐘。取出烤箱後，在薄餅冷卻前塑形。

烤榛果

將榛果平鋪在烤盤上，蓋上烤紙後放入
烤箱，以攝氏 160 度烤約 10 分鐘。

梨子果膠

在鍋中加入梨子泥和檸檬汁，煮沸後加
入預先混合在一起的糖和洋菜。

將果膠倒出，冷卻後用攪拌機攪拌均
勻，倒入定量吸管（pipette）保存。

綜合香料

用攪拌器將所有香料打成粉末。

韃靼梨子

在檸檬糖水中（300 克糖兌 1 升水）放
入 1 顆熟成梨子川燙。

將新鮮梨子和川燙梨子切丁，和入些許
梨子果膠、綜合香料、黃檸檬皮、烤榛
果碎。

香料焦糖梨子

在鍋中倒入糖，煮成焦糖；加入綜合香
料和奶油，攪拌均勻。接著放入切成小
塊的梨子，將香料焦糖梨子煮至濃稠。

梨子雪酪

在鍋中加入水和所有材料粉煮沸，使冰
淇淋穩定劑發揮作用。

將梨子泥和檸檬汁加入煮好的醬，攪拌
後倒入 Pacojet® 冰磨機或冰淇淋機中。

組裝

將熱梨子派放入盤中，溫熱時品嚐。在
榛果餅乾上放入一匙韃靼梨子。

用法式薄餅圍住榛果餅乾邊，在盤中擺
入幾塊香料焦糖梨子。

擠入幾滴梨子果膠、焦糖，最後放上梨
子雪酪，還可以撒上綜合香料粉以增添
香氣。

我最愛的甜點就是瑪哈草莓
（Mara des Bois）千層派。

覆盆子千層派佐覆盆子龍蒿雪酪

MILLEFEUILLE FRAMBOISE, SORBET FRAMBOISE-ESTRAGON

完成時間：**1 小時**
烹調時間：**35 分鐘**
靜置時間：**14 小時**

6 人份食材：

千層酥皮
17.5 厘升水
7 克鹽
30 克細砂糖
390 克 T45 麵粉
60 克冷卻融化奶油
折疊用奶油（beurre de
tourage，可選擇您喜歡
的牌子）

覆盆子奶油
500 克新鮮覆盆子
100 克蛋
70 克細砂糖
40 克玉米澱粉（Maïzena®）
40 克奶油
200 克打發鮮奶油

覆盆子龍蒿雪酪
6.5 厘升礦泉水
60 克細砂糖
4 克龍蒿
100 克覆盆子泥

前一天

千層酥皮

製作酥皮用的麵團。

在攪拌盆中放入水、鹽、糖，使其溶解；加入麵粉和冷卻的融化奶油，攪拌至麵團呈現光滑狀。

將麵團放在盤子上，覆蓋保鮮膜，放入冰箱冷藏一晚。

當天

將麵團放在摺疊用奶油中間。

將麵團桿成長方形，折疊兩次，放入冰箱 2 小時；取出麵團重複操作。

將麵團桿成4毫米厚，切成長30公分、寬15公分的條狀。

覆盆子奶油

以中火加熱鍋中的覆盆子，加入預先混合好的蛋、糖、玉米澱粉。

攪拌至煮沸，約 2 分鐘，加入奶油，靜置冷卻。倒入碗中，放入冰箱冷藏。

用攪拌棒攪拌冷卻奶油，慢慢倒入打發鮮奶油打勻。

將奶油倒入 10 毫米擠花嘴的擠花袋中，組裝備用。

覆盆子龍蒿雪酪

在鍋中加入水和糖，煮沸後加入龍蒿葉。倒入覆盆子泥，攪拌均勻。

將冷卻的覆盆子龍蒿泥倒入冰淇淋機製作雪酪。

組裝

將烤箱預熱至攝氏 200 度。

將酥皮放在兩個烤盤中間，以 200 度烤 15 分鐘，再以 150 度烤 30 分鐘。烤好後將三條千層派切成長 3 公分、寬 12 公分的長條形。

在每片千層派中間擠上一條覆盆子奶油，將覆盆子千層派平放，以展示美麗側邊。

在盤中方放上覆盆子千層派。

將覆盆子龍蒿雪酪另外裝盛享用。

完成時間：2 小時
烹調時間：45 分鐘
靜置時間：12 小時

4 人份食材：

黃香李雪酪
80 克細砂糖
4.5 厘升礦泉水
3 克鋪地百里香
330 克黃香李泥
1 顆蛋白

鋪地百里香果膠
93 克礦泉水
10 克細砂糖
1.7 克鋪百里香
1 克洋菜
7 克檸檬汁

鋪地百里香冰沙
25 克細砂糖
200 克礦泉水
1 枝鋪地百里香
¼ 顆檸檬汁

黃香李凍
350 克黃香李
30 克細砂糖
3 克果膠

烤麵包奶油
2 片麵包
170 克鮮奶
25 克細砂糖

烤麵包蛋糕
104 克細砂糖
73 克蛋
50 克 T55 麵粉
5 克麵包酵母
150 克烤麵包奶油餡
83 克融化奶油
20 厘升全脂鮮奶
1 片吉利丁（2 克）
33 克奶油

煎黃香李
12 至 15 顆新鮮黃香李
（依據大小決定）
奶油

烤麵包片
4 片麵包
20 克澄清無水奶油
1 茶匙糖粉

黃香李烤麵包佐鋪地百里香

MIRABELLES,
PAIN BRULÉ ET SERPOLET

前一天

黃香李雪酪

將糖和水煮成糖漿，放入鋪地百里香浸泡 30 分鐘，倒入冰淇淋機攪拌。放入冰箱冷藏一晚。加入黃香李泥和蛋白，用攪拌機攪拌均勻。

當天

鋪地百里香果膠

將糖和水煮成糖漿，放入鋪地百里香浸泡 5 分鐘，過篩瀝出糖漿。加入洋菜，滾煮 1 分鐘。

果膠冷卻後加入檸檬汁和鋪地百里香花，讓果膠呈現粉紫色。

鋪地百里香冰沙

將糖和水煮成糖漿，放入鋪地百里香浸泡 5 分鐘，加入檸檬，將糖漿倒入可以冷凍的容器中。要時常將冰沙取出，用抹刀或叉子攪拌，以獲得最好的質地。

黃香李凍

將黃香李剖成兩瓣，去籽。在鍋中加入黃香李、糖、果膠，用小火煮沸，約 2 分鐘。要避免煮成泥狀。靜置冷卻。

烤麵包奶油

將麵包切塊，放在鋪有烤紙的烤盤上，放入烤箱以攝氏 180 度烤約 1 小時。

將烤麵包浸入加糖的熱鮮奶中 20 分鐘，接著用攪拌機大力攪拌。

烤麵包蛋糕

將糖、蛋、麵粉、酵母、烤麵包奶油餡攪拌均勻，最後加入融化奶油。

將麵糊倒入 2 個蛋糕模型中，放入烤箱以攝氏 160 度烤 45 分鐘。

取出冷卻後，將蛋糕切成丁，再次放入烤箱以 150 度烤 20 分鐘。

接著，將蛋糕丁與鮮奶攪拌均勻，倒入鍋中煮沸，加入瀝乾的吉利丁片和奶油塊，再次攪拌均勻。靜置冷卻。

煎黃香李

將黃香李剖成兩瓣。

在鍋中加入些許奶油，以中火把黃香李煎香。備用。

烤麵包片

用切片器或麵包刀將麵包切成 2 毫米厚。將麵包放入已鋪有烤紙的烤盤上，輕輕地刷上澄清奶油，撒上糖粉。放入烤箱以攝氏 170 度烤 5 至 6 分鐘（烤至上色）。備用。

擺盤

在盤中央放入黃香李凍。將烤麵包奶油放入擠花袋中，在上方擠一球烤麵包奶油餡，放上幾顆煎黃香李。在甜點中間放上黃香李雪酪和鋪地百里香冰沙，最後擺上烤麵包片。

覆盆子義式奶酪

**PANNA COTTA
À LA FRAMBOISE**

完成時間：**30 分鐘**
烹調時間：**10 分鐘**
靜置時間：**3 小時**

4 人份食材：

義式奶酪
1 片吉利丁（2 克）
7.5 厘升全脂鮮奶
75 克鮮奶油
25 克細砂糖
1 根香草籽

覆盆子庫利
100 克覆盆子
30 克細砂糖
3 克 NH 果膠粉

義式奶酪

將吉利丁片浸入冷水中。

在鍋中加入鮮奶、鮮奶油、糖、香草籽，以中火煮沸。煮沸後，離火加入瀝乾的軟化吉利丁片。

將放涼的吉利丁倒入高腳杯中，放入冷凍幾分鐘後，冷藏保存。

覆盆子庫利

在鍋中將覆盆子加熱至攝氏 50 度，倒入預先混合的糖和果膠，煮沸。

將覆盆子醬淋在義式奶酪上，放入冷凍幾分鐘後，冷藏至少 3 小時。

最後，以幾顆新鮮水果和香草裝飾。

完成時間：1 小時
烹調時間：3 至 4 分鐘
靜置時間：12 小時

6 人份食材：
焦糖羊肚菌
30 克羊肚菌乾
300 克羊肚菌汁
250 克細砂糖
150 克柳橙汁
8 厘升巴薩米克醋
100 克鮮奶油
25 厘升水
120 克糖

香草奶油
25 厘升全脂鮮奶
½ 根香草籽
2 顆蛋黃
250 克細砂糖
25 克玉米澱粉（Maïzena®）
125 克鮮奶油

栗子瓦片
50 克奶油
50 克蛋白
50 克糖粉
50 克栗子粉

梨子和香蕉
2 根香蕉
2 顆梨子
30 克奶油
50 克細砂糖

梨子雪酪
30 克水
½ 根香草籽
50 克糖
300 克梨子泥

焦糖羊肚菌佐梨子與香蕉

POIRES ET BANANES
AU CARAMEL DE MORILLES

前一天
焦糖羊肚菌

將羊肚菌泡入溫水中，備用。

當天

瀝出羊肚菌水。

在鍋中將羊肚菌水以中火煮剩至 1/4。將糖煮成焦糖，加入柳橙汁、巴薩米克醋、羊肚菌汁，煮成醬汁。加入鮮奶油，繼續將醬汁煮成您喜歡的質地和味道。

洗淨羊肚菌，放入糖漿（25 厘升水兌 120 克糖）以小火煮 15 分鐘。

最後將羊肚菌放入醬汁中。

香草奶油

在鍋中加入鮮奶和香草籽，以小火加熱。將預先攪拌好的蛋黃、糖、玉米澱粉加入鍋中，開大火邊攪拌邊煮 30 至 40 秒，直到煮沸。待冷卻後，倒出備用。

接著將鮮奶油打發成香緹奶油，用刮刀將兩者混合在一起。

栗子瓦片

將奶油融化，放置冷卻。

將蛋白和糖霜攪拌均勻，加入栗子粉打勻，最後加入冷卻奶油。

在烤盤上將麵團做成您想要的形狀，放入烤箱以攝氏 165 度烤 3 至 4 分鐘。

梨子和香蕉

香蕉、梨子去皮，將香蕉切成 5 毫米厚，梨子切成四瓣。

在鍋中加入奶油和水果塊，以大火翻炒至上色，加入些許糖炒至焦糖狀。

梨子雪酪

在鍋中刮入半條香草籽，加水煮沸。加糖，續滾 30 秒讓糖溶解。將糖漿倒入梨子泥中，攪拌均勻，放入冰淇淋機中。

擺盤

將梨子和羊肚菌垂直擺盤內，在其兩側擠上奶油，放入羊肚菌、栗子瓦片，最後淋上焦糖羊肚菌。

紅酒燉威廉斯梨塔

POIRES WILLIAMS
À L'HYPOCRAS

完成時間：**1 小時 15 分鐘**
烹調時間：**25 至 30 分鐘**
靜置時間：**2 小時**

4 人份食材：

甜麵團
200 克 T55 麵粉
70 克糖粉
100 克奶油
1 撮鹽
1 顆蛋

紅酒燉梨
4 顆威廉斯梨（Williams）
75 厘升 Hypocras 紅酒
（中世紀香料雞尾酒）

香草薑冰淇淋
50 厘升全脂鮮奶
2 湯匙新鮮薑粉
½ 根香草莢
4 顆蛋黃
100 克細砂糖
10 厘升 35%MG 鮮奶油

抹醬
100 克有機胡桃醬

甜麵團

將麵粉、糖、奶油、一撮鹽攪拌成團；加入蛋，攪拌均勻後，用手將麵團揉至光滑柔軟。放入冰箱至少 2 小時。

將烤箱預熱至攝氏 180 度。

將麵團桿成 2 至 3 公分厚的圓形，將麵團放入直徑 20 公分的圓形模具中。

放入烤箱以攝氏 180 度烤 15 分鐘後，將烤箱溫度調低至 150 度，續烤 15 分鐘（時間依烤箱功率而定）。

紅酒燉梨

將梨削皮，挖出心。將梨放入小鍋中，加入 Hypocras 紅酒。根據梨的成熟度，加熱 30 至 40 秒（煮沸前）。煮好後取出梨，以中火將紅酒煮至糖漿狀。

香草薑冰淇淋

在鍋中將鮮奶煮沸，加入薑末和半條香草籽。

在沙拉碗中加入蛋黃和糖，用攪拌棒打發，加入鮮奶，倒入鍋中，以小火邊攪拌邊煮至攝氏 85 度。當奶油呈現黏稠狀時，加入鮮奶油，過篩瀝出，靜置冷卻。

倒入冰淇淋機中。

擺盤

在塔皮上抹胡桃醬，在上面擺滿紅酒燉梨片。

將剩下的紅酒燉梨切成 4 瓣。

將紅酒燉梨塔放入烤箱，以中溫加熱 1 至 2 分鐘，切一片紅酒燉梨塔放入盤中，在一旁擺 1/4 瓣梨、香草薑冰淇淋，最後淋上紅酒糖漿。

這道由傳統米布丁改良而來的甜點，完美地融合了百香果的酸和芒果的香氣。

香米布丁佐椰奶、芒果與百香果

RIZ BASMATI AU LAIT DE COCO ET MANGUE PASSION

完成時間：**1 小時**

烹調時間：**55 分鐘至**
     1 小時 10 分鐘

6 人份食材：

米布丁
170 克印度香米
1 升椰奶
2 條香草莢
150 克細砂糖

脆米香
66 克奶油
250 克米香
100 克蛋白
66 克細砂糖
1 撮鹽

芒果庫利
2 顆芒果
6 顆百香果

裝飾
1 顆芒果切片
幾片椰子片
紫羅蘭花

米布丁

在鍋中加水（不加鹽）煮米 10 分鐘，接著在牛奶中以小火煮 40 至 50 分鐘，煮到質地呈現米布丁狀。加入 2 條香草籽和糖，攪拌備用。

米香

將烤箱預熱至攝氏 130 度。

在熱鍋中將奶油融化。

將米香和蛋白攪拌在一起，加入糖、鹽、融化奶油，攪拌均勻。

將混合後的米香平鋪 5 公分厚在 Silpat® 矽膠墊上，放入烤箱烤 15 至 20 分鐘。

存放在乾燥地方。

芒果庫利

挑選熟成度高的芒果，取出籽後將果肉榨汁。剖開百香果，將百香果汁加入芒果汁中，備用。

裝飾

將米布丁倒入高腳杯中，淋上芒果醬。

以芒果片、椰子片、紫羅蘭花做裝飾，米香另外裝盛。

覆盆子布列塔尼圓餅佐繡線菊奶油

SABLÉ FRAMBOISE
REINE-DES-PRÈS

完成時間：1 小時
烹調時間：15 分鐘
靜置時間：12 小時

6 人份食材：

覆盆子片
10 厘升覆盆子汁
10 克細砂糖
5 克玉米澱粉（Maïzena®）

繡線菊奶油
50 厘升全脂鮮奶
20 克繡線菊乾燥花
5 顆蛋黃
80 克細砂糖
15 克麥芽糊精
80 克生奶油

布列塔尼圓餅（Sablé breton）
80 克細砂糖
2 顆蛋黃
1 湯匙繡線菊末
80 克半鹽奶油
140 克 T55 麵粉
1 根香草籽

擺盤
12 顆覆盆子
100 克覆盆子漿
糖粉
繡線菊
玫瑰花瓣

前一天

覆盆子片

在鍋中加入覆盆子汁和預先與玉米澱粉混合的糖，以小火煮至糖漿狀。

煮成濃郁的糖漿後，平鋪在烤紙上，放入烤箱以攝氏 50 度烤一晚。

繡線菊奶油

在鍋中倒入鮮奶，以小火加熱。煮滾後加入繡線菊乾燥花，關火浸泡，放入冰箱約 10 小時。

布列塔尼圓餅

將糖、蛋黃、繡線菊末混合後川燙，加入其他材料，揉成麵團。放入冰箱。

當天

繡線菊奶油

在鍋中加入蛋黃、糖、麥芽糊精、些許浸泡牛奶，用打蛋器攪拌均勻。

在鍋中倒入所有浸泡牛奶，以中火邊攪拌邊煮沸，煮滾後繼續煮 1 至 2 分鐘。

等奶油降溫（攝氏50度）後倒入容器，加入切成小塊的生奶油，攪拌均勻。

將奶油倒入方形或其他形狀的模具中，放入冰箱。

布列塔尼圓餅

將烤箱預熱至攝氏 170 度。

將麵團桿成 3 毫米厚，切成直徑 5 至 6 公分的圓形。

放入烤箱以 170 度烤約 15 分鐘，在烤箱架上靜置冷卻。

組裝與擺盤

將冷藏後的奶油切成圓形放在布列塔尼圓餅上，再放上覆盆子。將每顆水果淋上一點覆盆子漿。

放上圓形的繡線菊奶油。

撒上糖粉，用繡線菊（可以玫瑰水或接骨木花替代）和覆盆子醬裝飾，最上面擺上有波紋的覆盆子片和幾瓣玫瑰花瓣。

綠檸檬柑橘布列塔尼圓餅

SABLÉ MANDARINE
AU CITRON VERT

完成時間：**1 小時至**
　　　　　1 小時 30 分鐘
烹調時間：**40 分鐘**
靜置時間：**12 小時**

4 人份食材：

布列塔尼圓餅
135 克奶油
2 克鹽
120 克細砂糖
50 克蛋黃
180 克 T55 麵粉
8 克發酵粉

綠檸檬輕奶油
1 片吉利丁（2 克）
120 克+ 450 克 35%MG 鮮奶油
50 克細砂糖
2 顆綠檸檬皮

柑橘醬
8 顆柑橘
80 厘升水
200 克紅糖
1 顆綠檸檬
½ 根檸檬草
15 克薑

裝飾
4 顆柑橘
1 顆檸檬皮

前一天

布列塔尼圓餅

將軟化奶油、糖、鹽攪拌均勻；加入蛋黃，再次攪拌，最後加入麵粉和酵母粉。將麵團包上保鮮膜，放入冰箱冷藏一晚。

綠檸檬輕奶油

將吉利丁片浸入冷水中。

在鍋中加入 10 克鮮奶油和糖，煮沸。加入吉利丁混合均勻。

加入 450 克冷鮮奶油和綠檸檬皮，再次攪拌。

放入冰箱冷藏一晚。

當天

布列塔尼圓餅

將烤箱預熱至攝氏 170 度。

將麵團桿成 5 毫米厚，用直徑 8 公分的圓形模具裁切。

放入旋風烤箱烤約 15 至 20 公分。

柑橘醬

柑橘剝皮，將果肉一片片取下。

在鍋中加入水和紅糖，煮沸。

加入柑橘、綠檸檬片和薑，小滾煮 20 分鐘。

將柑橘瀝出，用叉子輕輕將果肉壓碎變成果醬備用。

組裝和擺盤

在布列塔尼圓餅上放些許柑橘醬。

再放上幾片去果皮的柑橘果肉，將柑橘疊放成圓形。

在甜點中間用星星花嘴擠花袋擠上少許綠檸檬輕奶油，最好以檸檬皮裝飾。

五線譜雪酪

SOLFÈGE DE SORBETS

完成時間：1 小時 30 分鐘

10 至 12 人份食材：

各類雪酪
250 克芒果雪酪
250 克椰子雪酪
250 克草莓雪酪
250 克百香果雪酪
250 克梨子雪酪

巧克力醬
100 克黑巧克力
10 厘升葡萄籽油

裝飾
新鮮水果

巧克力醬

將巧克力隔水加熱，加入油攪拌均勻。

在烤盤上鋪一層保鮮膜。

鋪一層芒果雪酪，抹上一層薄薄的巧克力醬，用刷子將巧克力醬刷勻。
每一層做完後都要放入冷凍。

將每種雪酪重複一次做法。

用鋒利的刀將五線譜雪酪切成薄片，放入冷凍。

將巧克力醬倒入圓錐擠花嘴的擠花袋中，在盤子邊畫出高音譜記號。

組裝雪酪，以新鮮水果裝飾。

柑橘舒芙蕾

SOUFFLÉ AUX AGRUMES

完成時間：**40 分鐘**
烹調時間：**7 分鐘**

8 人份食材：

卡士達醬
100 克柑橘醬
15 克葡萄柚汁
30 克綠檸檬汁
15 克黃檸檬汁
2 顆蛋黃
30 克細砂糖
20 克玉米澱粉（Maïzena®）

舒芙蕾
250 克蛋白
40 克細砂糖
200 克柑橘奶油
幾滴綠檸檬汁
1 顆柑橘皮
½ 顆綠檸檬皮

奶油和糖（模具）

將舒芙蕾模具塗上奶油，確認模具表面完全附著一層奶油，這樣舒芙蕾才不會黏在一起。

撒上糖，將模具上多餘的糖拍掉，放入冰箱保存。

卡士達醬

在鍋中將榨出的各種柑橘汁混合。

在攪拌盆中加入蛋黃、糖、玉米澱粉，用攪拌棒攪拌。

將柑橘汁煮滾，倒入攪拌盆中，攪拌均勻讓糖融化。

倒回鍋中以小火邊煮邊攪拌 3 分鐘。

倒回攪拌盆中，以保鮮膜包覆住。

舒芙蕾

將烤箱預熱至攝氏 180 度。

將蛋白打發，當蛋白呈現慕斯狀時加入 1/3 糖，再慢慢地將剩下的糖加入。蛋白霜必須呈現堅實光亮狀，加入幾滴綠檸檬汁。

將卡士達醬隔水加熱。離火，加入新鮮柑橘皮，用攪拌棒加入 1/3 蛋白霜。

最後用抹刀慢慢地加入蛋白，以防掉落。

將蛋白霜倒入擠花袋中（不加擠花嘴），垂直地將蛋白霜擠入模具中。

用抹刀抹除模具周圍和上方多餘的蛋白霜。

用您的大拇指在模具周圍做一圈小衣領。

放入烤箱以攝氏 180 度烤 7 分鐘，烤好後立即搭配柑橘或雪酪一起享用。

杏桃薰衣草杏仁塔

TARTELETTES
MIRLITONS AUX ABRICOTS
AU PARFUM DE LAVANDE

完成時間：**1 小時**
烹調時間：**25 分鐘**
靜置時間：**3 小時**

6 人份食材：

杏仁甜麵團
180 克 T55 麵粉
65 克糖粉
25 克生杏仁粉
115 克奶油
1 顆蛋

薰衣草塔皮
50 克杏仁粉
50 克白奶酪
30 克糖粉
15 克薰衣草花蜜
1 顆蛋
1 滴薰衣草精油

杏桃泥
8 顆充分熟成的杏桃
30 克薰衣草奶油
乾燥薰衣草花

裝飾
6 顆杏桃
100 克穀物奶酥

杏仁甜麵團

在盆中加入麵粉、糖粉、杏仁粉、奶油塊。

用手將奶油塊揉碎，以獲得沙狀麵團。

加入蛋，將麵團揉至光滑。

將麵團包上保鮮膜，放入冰箱至少 2 小時。

將烤箱預熱至攝氏 160 度。

將麵團桿成 2 至 3 毫米厚，直徑 8 公分的面皮。放入烤箱烤 12 分鐘。

薰衣草塔皮

在碗中加入所有材料，攪拌均勻。

將攪拌好的材料放入烤好的杏仁塔皮中，以攝氏 160 度烤箱烤 12 分鐘。

杏桃泥

選擇非常成熟的杏桃，去核。

用杵將杏桃搗碎，加入乾燥薰衣草花，靜置浸泡 1 小時。取出乾燥花，加入薰衣草花蜜，放入冰箱保存。

組裝和擺盤

在塔皮上鋪一層薰衣草杏桃泥。

在上方將杏桃薄片擺成花狀。

撒上少許穀物奶酥，讓這道甜點多些脆口感。

熟酒是瑞士佛立堡和洛桑的特產。「熟酒」（vin cuit）又稱做「葡萄汁」（raisinée），由蘋果汁、梨子汁、葡萄汁發酵 20 至 24 小時而成，您可以在雜貨店找到它。

完成時間：**1 小時**
烹調時間：**30 至 35 分鐘**

4 人份食材：

甜麵團
125 克奶油
250 克 T55 麵粉
50 克糖粉
1 撮鹽
1 顆蛋黃
3 厘升礦泉水

餡料
20 厘升熟酒
30 厘升鮮奶油
1 茶匙玉米澱粉（Maïzena®）
2 顆蛋

裝飾
10 顆葡萄
1 咖啡杯的開心果碎（10 克）

熟酒塔

TARTELETTE RAISINÉE

甜麵團

用手將麵粉和奶油揉成沙狀甜麵團，當奶油被揉進甜麵團中時，加入糖、鹽、蛋黃、水，揉成球狀麵團。

用乾淨的布包裹麵團，放入冰箱。

將烤箱預熱至攝氏 170 度。

將麵團桿成圓形後，裁切成直徑 8 公分的圓形放入模具中。在麵皮上鋪一層烤紙，再於烤紙上放滿乾豆子。

放入烤箱烤 10 分鐘（烤至白色）。烤好後，取下烤紙和豆子。

餡料

加入熟酒、奶油、玉米澱粉、蛋，攪拌均勻，倒入塔皮中，續烤 20 至 25 分鐘。

裝飾

將葡萄剖成兩瓣，在塔上將葡萄擺成圓形，撒上開心果碎。

黃香李塔

TARTELETTES SABLÉES
AUX MIRABELLES

完成時間：**45 分鐘**
烹調時間：**12 至 15 分鐘**
靜置時間：**12 小時**

4 人份食材：

布列塔尼圓餅
135 克奶油
2 克鹽
120 克細砂糖
50 克蛋黃
180 克 T55 麵粉
8 克發酵粉

香草輕奶油
½ 片吉利丁（1 克）
60 克 + 230 克 45%MG 鮮奶油
25 克細砂糖
1 根香草莢

黃香李泥
80 厘升水
200 克紅糖
100 克無籽葡萄
35 顆黃香李
15 克薑
½ 根香草莢
1 顆檸檬汁

裝飾
10 顆黃香李

前一天

布列塔尼圓餅

將軟化奶油、鹽、糖，攪拌均勻，加入蛋黃，再次攪拌；最後放入麵粉和酵母粉。用保鮮膜包裹麵團，放入冰箱冷藏一晚。

香草輕奶油

將 1/2 片吉利丁放入冷水中。

在鍋中放入 60 克鮮奶油和糖，煮沸；加入瀝乾吉利丁，攪拌均勻。

加入 230 克冷鮮奶油和香草籽，再次攪拌。

放入冰箱冷藏一晚。

當天

布列塔尼圓餅

將烤箱預熱至攝氏 170 度。

將麵團桿成 5 毫米厚，裁切成直徑 8 公分的圓形放入模具中。

放入旋風烤箱烤 12 至 15 分鐘。

黃香李泥

在鍋中加入水和紅糖，煮沸。

加入無籽葡萄、黃香李（剖半去籽）、薑、1/2 根香草籽，小滾續煮 20 分鐘。

瀝出水果，用叉子輕輕將果肉搗成泥，加入檸檬汁增加酸味。

組裝和擺盤

將果泥放在布列塔尼圓餅上。

將剖半的黃香李沿著圓餅周圍擺放，中間用星星擠花嘴擠上些許打發的香草輕奶油。

桃子千層酥

VOL-AU-VENT

AUX DEUX PÊCHES

完成時間：45 分鐘
烹調時間：40 分鐘

6 人份食材：

千層酥皮
250 克酥皮
1 顆蛋（上色用）

香緹鮮奶油
40 克細砂糖
1 茶匙繡線菊
25 厘升 35%MG 鮮奶油

桃子醬
500 克新鮮桃子
100 克細砂糖
10 克果膠
幾滴檸檬汁

桃子雪酪
60 克礦泉水
60 克細砂糖
300 克桃子果肉
幾滴檸檬汁
1 顆蛋白

桃子
3 顆白桃
3 顆黃桃
25 厘升糖漿（20 厘升水、
50 厘升繡線菊糖漿、
½ 顆檸檬汁）
檸檬汁

千層酥皮

（前一天製作或買現成）

將烤箱預熱至攝氏 180 度。

將酥皮桿成 2 毫米厚，放入冷凍。取出酥皮，用直徑 6 公分的模具裁切成 6 個圓形。

在每個 6 公分的圓形酥皮中間做直徑 2 公分的印記。

用刷子將蛋液刷在酥皮上，不要刷出邊緣。

放入烤箱烤約 15 至 18 分鐘，接著以攝氏 150 度烤 10 分鐘，將酥皮烤得非常酥脆。

隔日

香緹鮮奶油

將糖和繡線菊攪拌均勻，過篩，打發成香緹鮮奶油，加入糖。

桃子醬

將桃子切丁放入鍋中，加入預先和糖混合的果膠，以中火煮。倒入幾滴檸檬汁，煮約 5 分鐘至小滾。倒入沙拉碗中，放入冰箱冷藏。

桃子雪酪

在鍋中加入水和糖，煮沸。倒入桃子泥、檸檬汁、蛋白，攪拌均勻。過篩後，放入冰淇淋機。

桃子

將桃子放入沸水中浸泡 30 秒，取出後沖冷水，去果皮。

將桃子切成 4 塊，將一半的桃子塊放入糖漿中煮，備用。

保留剩下的新鮮桃子，淋上檸檬汁，備用。

組裝和擺盤

享用前，在酥皮盒內放入桃子醬和繡線菊香緹鮮奶油，上方擺放煮過的桃子片和新鮮桃子。在桃子醬中加一點水稀釋，當作淋醬。

搭配您選擇的雪酪，最好是桃子口味。

香料焦糖鳳梨

ANANAS CARAMÉLISÉ
AUX ÉPICES DOUCES

完成時間：**45 分鐘**
烹調時間：**45 分鐘**
靜置時間：**12 小時**

2 至 4 人份食材：

1 顆鳳梨（Victoria 品種）

香料糖漿
1 升礦泉水
150 克細砂糖
2 顆胡椒粒
3 根肉桂
3 顆八角
1 顆肉豆蔻
1 根香草莢
1 茶匙柑橘皮

焦糖
100 克細砂糖
50 克檸檬汁
200 克鳳梨汁
30 克奶油

前一天

切除鳳梨冠芽（請參閱「技巧」第 132 頁），削皮。

香料糖漿

在鍋中將水煮沸，加入糖、香料、柑橘皮，煮 2 至 3 分鐘。蓋上鍋蓋浸泡 15 分鐘。

將鳳梨浸入糖漿，以小火煮 45 分鐘，時不時地將鳳梨翻面。

煮好後，將鳳梨浸泡在糖漿中，放入冰箱一晚。

隔天

取出鳳梨糖漿，將鳳梨瀝出。

焦糖

在鍋中加入糖，以小火煮成淡焦糖色。加入檸檬汁、鳳梨汁、奶油，將鳳梨放入鍋中，淋上焦糖。

搭配椰子冰淇淋或鳳梨雪酪直接享用。

櫻桃甜甜圈佐香車葉草

BEIGNETS DE CERISES
À L'ASPÉRULE ODORANTE

完成時間：**30 分鐘**
烹調時間：**1 至 2 分鐘**
靜置時間：**48 小時**

4 人份食材：

甜香車葉草

1 把香車葉草
50 克細砂糖

櫻桃

32 顆櫻桃
150 克杏仁醬
20 顆杏仁

甜甜圈麵糊

150 克 T55 麵粉
25 克細砂糖
7.5 克發酵粉
2 克鹽
1 顆蛋
18 厘升全脂鮮奶
3 厘升水
½ 瓶蓋櫻桃白蘭地

1 升葡萄籽油

兩天前

甜香車葉草

摘採香車葉草後，在室溫下靜置乾燥。

乾燥 2 或 3 天，以獲得香車葉草經典的芳香氣味。將乾燥香車葉草和糖搓揉混合在一起，存放在乾燥的罐子中。

當天

櫻桃

洗淨櫻桃，瀝乾後將櫻桃擦乾。

輕輕劃開櫻桃底部，取出櫻桃核，將杏仁醬和杏仁碎末放入櫻桃中心，重新將櫻桃底部蓋上，放入冰箱。

甜甜圈麵糊

在攪拌盆中加入麵粉、糖、發酵粉、鹽，攪拌均勻。在麵粉中心挖洞，加入蛋、一部分鮮奶、水，用攪拌棒攪拌均勻，加入櫻桃白蘭地和剩下的鮮奶。

加熱

抓住櫻桃梗，將櫻桃浸入甜甜圈麵糊中。將櫻桃以攝氏 170 度熱油炸 40 秒至 1 分鐘，將櫻桃炸至金黃。取出櫻桃，放在吸油紙上。將櫻桃放入香料糖中，沾勻。

請搭配杏仁或開心果冰淇淋，還可以加上馬鞭草雪酪一起享用。

蘋果菊蒿奶油夏洛特蛋糕

CHARLOTTE AUX POMMES, CRÈME À LA TANAISIE

完成時間：**1 小時 15 分鐘**
烹調時間：**1 小時**
靜置時間：**45 分鐘**

8 人份食材：

夏洛特蛋糕
10 顆蘋果（Goldrush®）
100 克奶油
150 克細砂糖
1 根香草莢
軟化奶油（模具用）
12 片吐司

菊蒿奶油
50 厘升全脂鮮奶
菊蒿葉
5 顆蛋黃
80 克細砂糖

夏洛特蛋糕

將烤箱預熱至攝氏 180 度。

蘋果削皮、去籽，切成 4 塊。

在平底鍋中將奶油融化，加入蘋果、糖、香草籽。

蓋上鍋蓋以中火煮約 30 分鐘，時不時地翻攪（取決於蘋果品質，應煮至輕微黏鍋，且保留幾塊蘋果塊）。

將夏洛特蛋糕模具塗上奶油，冷藏備用。

將吐司切成 0.5 公分厚。

將吐司鋪在模具底部和邊緣，確保吐司服貼在模具上。

將冷卻的蘋果醬倒入模具，滿至邊緣，再於上方鋪滿吐司。

放入攝氏 180 度烤箱烤 40 分鐘，完成後將夏洛特蛋糕留在烤箱中約 20 分鐘。

將夏洛特蛋糕放入冰箱，冷卻後脫模。

菊蒿奶油

在鍋中將鮮奶煮沸，加入菊蒿葉，浸泡 15 分鐘。蓋上鍋蓋，浸泡約 30 分鐘。

將蛋黃和糖打發。

瀝出鮮奶倒入打發蛋黃中，以小火煮至奶油狀態可沾黏在抹刀上（85 度）。

將奶油攪拌至光滑，冷藏備用。

搭配菊蒿奶油的夏洛特蛋糕可用菊蒿葉裝飾，適合常溫或冷藏享用。

椰子百香果法式烤布蕾

CRÈME BRÛLÉE
AUX FRUITS DE LA PASSION
ET COCO

完成時間：**20 分鐘**
烹調時間：**15 分鐘**

6 人份食材：
6 顆百香果
20 厘升椰奶
80 克細砂糖
20 克玉米澱粉（Maïzena®）
5 顆蛋黃

裝飾
6 茶匙蔗糖

將百香果剖半。

取出百香果籽和無籽百香果汁。

將百香果殼洗淨備用。

取出約 350 克果汁，必要時可加入些許水。

將果汁倒入鍋中，加入椰奶，煮沸備用。

將糖、玉米澱粉、蛋黃、些許果汁、椰奶攪拌均勻，倒入鍋中以中火攪拌至煮沸。

煮至黏稠光滑，倒入百香果殼中，放入冰箱備用。

享用前撒上蔗糖粉，用噴燈瓦斯將糖融化成焦糖。

橙酒班戟可麗餅佐紅莓果

CRÊPES SUZETTE
AUX FRUITS ROUGES

完成時間：**30 分鐘**
烹調時間：**2 至 3 分鐘**
靜置時間：**2 小時**

4 人份食材：

可麗餅麵糊
300 克 T55 麵粉
3 顆蛋
2 湯匙細砂糖
60 厘升全脂鮮奶
3 湯匙橄欖油
3 厘升草莓酒
奶油
鹽

配料
300 克蘋果草莓醬（請參閱
「處理技巧」第 137 頁）

橙酒班戟（La Suzett e）
12 顆草莓
1 根川燙大黃（請參閱「處
理技巧」第 141 頁）
30 克奶油
20 厘升草莓汁（熱萃取，
或以草莓漿取代）
檸檬皮
幾滴檸檬汁

可麗餅麵糊

在沙拉碗中加入麵粉、蛋、糖、鹽，攪拌成可麗餅麵糊。慢慢地加入牛奶，最後倒入橄欖油和草莓酒，將麵糊放入冰箱至少 2 小時。

在鍋中加入少許奶油煎可麗餅，備用。

配料

在每片可麗餅中放入果泥，用您的方式將可麗餅折成方形煎餅，放入烤箱以小火（攝氏 120 度）烤 5 至 6 分鐘。

橙酒班戟

將草莓切成兩瓣，大黃切成條狀。

在鍋中加入奶油，以中火將奶油煮成焦糖色；加入草莓汁煮成醬汁，加入草莓、大黃、檸檬皮。將可麗餅放入鍋中，淋滿醬汁，讓可麗餅盡可能地更美味。

淋上幾滴檸檬汁並搭配草莓、香草或椰子冰淇淋，可麗餅和冰淇淋是絕佳搭配。

如果您希望增強橙酒班戟可麗餅的味道，可以再淋上草莓酒或覆盆子酒後點火燃燒。

桃梨莓奶酥金寶

CRUMBLE DES 3 SAISONS

完成時間：**30 分鐘**
烹調時間：**10 分鐘**

12 人份食材：

奶酥
120 克 T55 麵粉
80 克紅糖
30 克杏仁粉
100 克奶油
1 撮鹽

蘋果草莓奶酥
2 顆蘋果（Goldens、
Reinettes 品種）
300 克草莓
奶油

梨子奶酥
3 顆威廉斯梨（Williams）
1 根肉桂
120 克黑巧克力粒
奶油
糖（自由取用）

桃子奶酥
4 顆桃子
1升糖漿（1升水兌 200 克糖）
接骨木花或香草莢

奶酥

在攪拌盆中放入紅糖、杏仁粉、部分軟化奶油、些許鹽，用手揉成麵團。

將烤箱預熱至攝氏 180 度。

蘋果草莓奶酥

將蘋果削皮、切丁。在鍋中加入少許奶油，放入蘋果丁，以中火翻炒至蘋果軟化。將蘋果倒入烤盤。

將草莓切成 2 或 4 塊，放入烤盤，撒上奶酥。放入烤箱烤約 10 分鐘。

梨子奶酥

梨子削皮，切成小方塊。在鍋中將奶油煮至焦糖色，放入梨子塊、肉桂、糖（如果需要），以中火翻炒。

倒入烤盤 3 至 4 公分厚，加入黑巧克力粒，撒上奶酥。放入烤箱烤約 10 分鐘。

桃子奶酥

桃子去皮，放入接骨木花或香草莢糖漿中，以小火煮 2 至 3 分鐘，確保水果沒被煮軟。

桃子去核，切成 4 塊，放入烤盤，撒上奶酥。放入烤箱烤約 10 分鐘。

蘋果派

FEUILLETÉ
MINUTE DE MELROSE

完成時間：**1 小時**
烹調時間：**40 分鐘**
靜置時間：**14 小時**

4 人份食材：
酥皮
17.5 厘升水
7 克鹽
30 克細砂糖
390 克 T45 麵粉
60 克冷卻的軟化奶油

250 克摺疊用奶油

Melrose 蘋果泥
2 顆 Melrose 蘋果
40 克紅糖
¼ 根香草莢

3 顆 Melrose 蘋果

前一天
製作酥皮用的麵團。
在攪拌盆中放入水、鹽、糖，使其溶解。
加入麵粉和冷卻的融化奶油。
攪拌至麵團光滑，將麵團平鋪在盤子上，蓋上保鮮膜，放入冰箱冷藏一夜。

當天
將麵團放在摺疊用奶油中間。
將麵團桿成長方形，折疊兩次。放入冰箱 2 小時，取出麵團重複操作。

Melrose 蘋果泥
將烤箱預熱至攝氏 140 度。
蘋果削皮，去籽。切成 4 塊，放入烤盤，加入紅糖和香草。
蓋上鋁箔紙，放入烤箱烤約 45 分鐘。
將烤熟的蘋果搗碎，製作蘋果泥。

將剩下的 3 顆蘋果削皮，去籽，切成薄片。

組裝和擺盤
將酥皮桿成 3 毫米厚，裁切成直徑 20 公分的圓形。
在酥皮上鋪一層蘋果泥，保留酥皮邊緣。
再將蘋果片鋪成花瓣形狀。
放入烤箱，以攝氏 180 度烤約 40 分鐘。

酸櫻桃黑森林蛋糕

FORÊT-NOIRE AUX GRIOTTES

完成時間：**1 小時**
烹調時間：**40 分鐘**
靜置時間：**12 小時**

6 人份食材：

香草輕奶油
285 克鮮奶油
25 克細砂糖
½ 片吉利丁（1 克）

甘納許巧克力奶油
330 克鮮奶油
90 克黑巧克力

巧克力海綿蛋糕
120 克蛋
60 克細砂糖
50 克 T55 麵粉
10 克巧克力粉

擺盤
80 克糖漬酸櫻桃
榛果
新鮮櫻桃
黑巧克力
酢漿草

前一天

香草輕奶油

在鍋中將 120 克鮮奶油和糖煮沸，倒入預先浸泡在冷水中且瀝乾的吉利丁片中，攪拌均勻。加入剩餘的冷鮮奶油，再次攪拌。

在打發前放入冰箱冷藏一晚。

甘納許巧克力奶油

將 110 克鮮奶油煮沸，倒入巧克力中，攪拌均勻，加入剩餘的 220 克鮮奶油。使用前先放入冰箱冷藏一晚。

當天

巧克力海綿蛋糕

將烤箱預熱至攝氏 170 度。

在攪拌盆中放入蛋和糖，以隔水加熱的方式，邊攪拌邊加熱至攝氏 50 度。攪拌至冷卻，加入過篩麵粉和可可粉，攪拌均勻，倒入直徑 18 至 20 公分且塗上奶油和麵粉的模具中。

放入烤箱以 170 度烤 30 分鐘。

組裝和擺盤

裁切三塊巧克力海棉蛋糕。打發甘納許巧克力奶油，倒入裝有直徑 10 毫米擠花嘴的擠花袋中。將第一片海棉蛋糕擠上奶油，放入糖漬酸櫻桃（Amarena 櫻桃），蓋上第二片海棉蛋糕。打發香草奶油，倒入裝有直徑 10 毫米擠花嘴的擠花袋中，擠在第二片海棉蛋糕上。蓋上第三片海棉蛋糕。

在最上層以香草奶油、甘納許巧克力奶油、幾顆榛果、新鮮櫻桃做裝飾。

用削皮器削幾片巧克力片放在黑森林蛋糕上，最後再以酢漿草做裝飾。

蕎麥柚子塔

GALETTE YUZU AU SARRASIN

完成時間：**45 分鐘**
烹調時間：**32 分鐘**
靜置時間：**16 小時**

6 人份食材：

柚子奶油
½ 片吉利丁（約 2 克）
100 克檸檬汁
60 克柚子汁
160 克蛋
100 克細砂糖
100 克奶油

蕎麥甜麵團
100 克 T45 麵粉
80 克蕎麥粉
65 克糖粉
25 克生杏仁粉
115 克奶油
1 顆蛋

蕎麥餅乾
30 克杏仁粉
30 克糖霜
16 克蛋黃
26 克蛋
46 克蛋白
20 克細砂糖
25 克蕎麥粉

義式蛋白霜
110 克細砂糖
4 厘升水
70 克蛋白

裝飾
蕎麥米香
檸檬或柚子皮

前一天

柚子奶油

將吉利丁浸入冷水中。

在鍋中倒入檸檬汁和柚子汁，以中火加熱。

在攪拌盆中打發蛋和糖，倒入煮沸果汁，攪拌均勻，再次加熱至攝氏85度。

快速倒出後加入瀝乾的吉利丁，攪拌均勻。倒入碗中，放入冰箱冷卻至攝氏 40 度。加入軟化奶油，用手動攪拌器攪拌均勻。

將奶油放入冰箱一晚，讓香氣出來。

當天

蕎麥甜麵團

在盆中加入麵粉、糖粉、杏仁粉、奶油塊，用手將奶油塊揉碎，以獲得沙狀麵團。

加入蛋，將麵團揉至光滑。

將麵團包上保鮮膜，放入冰箱至少 2 小時。

將烤箱預熱至攝氏 150 度。

將麵團桿成 2 至 3 毫米厚，放入直徑 20 公分的模具中，以烤箱烤 20 分鐘。

蕎麥餅乾

在碗中放入杏仁粉、糖粉、蛋黃、蛋，用攪拌器打勻，倒入攪拌盆中。

將蛋白和糖打發成輕蛋白霜。

將兩種備料倒在一起，不要混合。加入蕎麥粉，輕輕攪拌均勻。

在矽膠墊上將麵團桿成3至4毫米厚，以攝氏165度烤12分鐘。靜置冷卻。

將冷卻的餅乾切成圓形，保留多餘的餅乾備用。

義式蛋白霜

在鍋中加入水和糖，煮成糖漿。煮至攝氏 118 度後，倒入打出泡沫狀的蛋白液中，用攪拌棒打發至冷卻。

組裝和擺盤

在塔餅底部放入少許柚子奶油，加入圓形餅乾，再次加入柚子奶油。將蕎麥柚子塔放入冷凍 2 小時。

用抹刀將義式蛋白霜在塔的邊緣畫出逗號的形狀，用蕎麥米香、檸檬皮或柚子皮做裝飾。

無花果塔

GALETTES AUX FIGUES

完成時間：**20 分鐘**
烹調時間：**24 分鐘**
靜置時間：**2 小時**

6 人份食材：

杏仁甜麵團
180 克 T55 麵粉
65 克糖粉
25 克生杏仁粉
115 克奶油
1 顆蛋

蜂蜜餡料
50 克杏仁粉
30 克糖粉
15 克蜂蜜
1 顆蛋
50 克白奶酪

新鮮無花果醬
10 顆 Solliès 無花果
10 顆新鮮覆盆子
30 克金合歡蜂蜜
½ 根香草莢
½ 顆檸檬汁

12 顆新鮮 Solliès 無花果

杏仁甜麵團

在盆中加入麵粉、糖粉、杏仁粉、奶油塊。

用手將奶油塊揉碎，以獲得沙狀麵團。

加入蛋，將麵團揉至光滑。將麵團包上保鮮膜，讓入冰箱至少 2 小時。

將烤箱預熱至攝氏 150 度。

將麵團桿成 2 至 3 毫米厚，放入直徑 8 公分的模具中。

放入烤箱烤 12 分鐘。

蜂蜜餡料

在攪拌盆放入所有材料，攪拌均勻。

將餡料填入塔餅中，放入烤箱以攝氏 160 度烤 12 分鐘。

新鮮無花果醬

將新鮮無花果切成八塊，覆盆子切成兩塊。

在鍋中放入所有材料（檸檬汁除外）。

邊攪拌邊煮至質地呈現果醬狀。

靜置冷卻，根據您的口味偏好添加檸檬汁。

放入冰箱冷藏至少 2 小時。

組裝和擺盤

在塔餅底部鋪上一層無花果醬。

在上方交叉放入切成 1/4 的無花果，讓無花果塔看起來有分量。

焗烤柑橘佐藏紅花

GRATIN D'AGRUMES
AU SAFRAN

完成時間：**40 分鐘**
烹調時間：**8 至 10 分鐘**

4 人份食材：

4 顆柳橙
2 顆粉紅葡萄柚
200 克柑橘雪酪

焗烤

2 湯匙蜂蜜
5 顆蛋黃
40 厘升 35%MG 鮮奶油
藏紅花蕊
（劑量依花的大小而定）
柳橙皮
1 茶匙杏仁粉

將柳橙和葡萄柚剝皮。

取些許柑橘汁（8 厘升），將柳橙和葡萄柚剝成 4 瓣，用刀子將果膜脫除。放入冰箱冷藏。

將烤箱預熱至攝氏 180 度。

焗烤

將蜂蜜、蛋黃、柑橘汁（8 厘升）攪拌均勻。

在鍋中將鮮奶油煮沸，加入番紅花蕊和柳橙皮，加入上述備料，放入杏仁粉攪拌均勻。倒入 4 個小烤盤或 1 個直徑 20 公分的大烤盤中。

擺上柑橘果肉。

放入烤箱烤至表面呈現些許金黃色。

放置溫熱再享用。

在焗烤盤中間放上一球柑橘雪酪。

這道食譜可以依據不同季節和個人口味選用不同水果。

藍莓是山的象徵，也是童年的記憶。我們和同伴一起帶著梳耙上山採野生藍莓。

這道開心果塔佐覆盆子與藍莓就是我們甜點店裡的招牌特色。

完成時間：**40 分鐘**
烹調時間：**25 分鐘**

8 人份食材：

甜麵團
200 克麵粉
100 克奶油
80 克細砂糖
1 顆蛋

開心果卡士達醬
25 厘升全脂鮮奶
1 湯匙開心果醬
3 顆蛋黃
40 克細砂糖
20 克玉米澱粉（Maïzena®）
50 克生奶油
糖粉

塔皮
250 克新鮮藍莓
50 克隔夜的布里歐許
（brioche rassie）
20 克細砂糖
20 克覆盆子
20 克糖粉

開心果塔佐覆盆子與藍莓

LA TARTE AUX FRAMBOISES, MYRTILLES ET PISTACHE

甜麵團

將麵粉、奶油、糖揉成沙狀麵團，加入蛋，將麵團揉至光滑，放入冰箱冷藏。

開心果卡士達醬

在鍋中將鮮奶煮沸，加入開心果醬。在碗中將蛋黃、糖、玉米澱粉攪拌均勻，倒入煮好的開心果鮮奶。

將備料倒入不鏽鋼鍋中，用攪拌棒攪拌至煮沸。卡士達醬會變厚實。倒入攪拌盆中，加入生奶油，撒上糖粉避免奶油結皮。

塔皮

將烤箱預熱至攝氏 180 度。將麵團桿成圓形，放入直徑 20 至 22 公分的模具。在塔皮上叉洞，放上一張烤紙，在烤紙上放滿乾豆子。

放入烤箱烤 15 分鐘。取出塔皮，取下烤紙和乾豆子。

快速地用冷水清洗藍莓，瀝乾、擦乾。

用匙背在塔皮上抹一層開心果卡士達醬，撒上布里歐許麵包屑，擺上藍莓，撒上糖粉。

放入烤箱烤約 5 至 8 分鐘。

擺盤

將塔皮周圍擺滿覆盆子。

撒上糖粉，常溫享用。

這道甜點也可以用其他脆口的水果製作，例如：鳳梨、葡萄柚、百香果。

柳橙雪酪
LES ORANGES GIVRÉES

完成時間：**1 小時**

4 人份食材：

4 顆柳橙
10 厘升水
60 克糖
30 克蜂蜜
200 克柳橙果肉

切開柳橙頂端，用湯匙挖出果肉。

將柳橙殼放入冷凍。

在鍋中加入水、糖、蜂蜜，煮沸。倒入柳橙果肉靜置冷卻。

倒入冰淇淋機中製作雪酪。

雪酪完成後，倒入裝有星星擠花嘴的擠花袋中。將雪酪擠入柳橙殼中。

烤桃子佐鋪地百里香

LES PÊCHES RÔTIES
AU SERPOLET

完成時間：**30 分鐘**
烹調時間：**1 小時**

4 人份食材：

5 顆白桃和黃桃
50 克金合歡蜂蜜
80 克奶油
5 根鋪地百里香或百里香

在鑄鐵鍋中放入剖半的桃子，淋上蜂蜜。

在鍋底加入少許水增加濕氣，放入奶油塊。

將鋪地百里香放入鑄鐵鍋中，蓋上鍋蓋放入烤箱，以攝氏 160 度烤 1 小時。

直接盛盤，搭配白乳酪雪酪、香草或開心果冰淇淋一起享用。

水果百匯沙拉佐芒果與百香果醬

MINESTRONE
DE FRUITS EXOTIQUES
SAUCE PASSION ET MANGUE

完成時間：30 分鐘

4 人份食材：

水果百匯
2 顆奇異果
1 顆火龍果
1 顆木瓜
1 顆芒果
¼ 顆鳳梨
1 根香蕉
細砂糖
½ 顆檸檬汁
新鮮椰子片

芒果和百香果醬
10 厘升甘蔗糖漿
6 片馬鞭草葉或 6 根肉桂
10 厘升百香果汁
5 厘升芒果庫利

水果百匯

將水果削皮，切成 5 毫米大小。在水果中加入些許糖和檸檬汁，攪拌均勻，讓水果出水。

芒果和百香果醬

甘蔗糖漿加熱煮沸，放入馬鞭草葉浸泡。靜置冷卻。

將百香果汁、芒果漿、馬鞭草、甘蔗糖漿和水果百匯醃製後的果汁，攪拌均勻。

將水果盛入碗中，淋上芒果和百香果醬，以新鮮椰子片裝飾。

這道水果百匯沙拉還可以搭配椰子冰淇淋一起享用。

熱帶水果帕芙洛娃蛋糕佐酪梨奶油

PAVLOVA
AUX FRUITS EXOTIQUES
À LA CRÈME D'AVOCAT

完成時間：**1 小時**
烹調時間：**3 小時**
靜置時間：**12 小時**

6 人份食材：

瑞士蛋白霜
80 克蛋白
160 克細砂糖

酪梨奶油
½ 片吉利丁
2 顆熟酪梨
2 顆檸檬
25 克細砂糖
275 克 35%MG 鮮奶油
½ 根香草莢
1 包東加豆（零陵香豆）

熱帶水果（自選數量）
酪梨
柳橙
芒果
鳳梨
椰子
石榴
蜜柑

薄荷葉

前一天

瑞士蛋白霜

將烤箱預熱至攝氏 90 度。

在攪拌盆中加入蛋白和糖，用隔水加熱的方式攪拌至奶油達到 48 度。

用攪拌器打發成蛋白霜，它會呈現出光滑、光亮且堅實的狀態。

將蛋白霜倒入 12 毫米擠花嘴的擠花袋中，在鋪有烤紙的烤盤上，以水滴狀擠成一個圓形。

放入烤箱，以 90 度烤 3 小時。

酪梨奶油

將吉利丁浸泡在冷水中。

像製作酪梨醬一樣，將酪梨果肉和檸檬汁攪拌在一起。

在鍋中加入糖和 55 克鮮奶油，加熱後放入吉利丁，攪拌均勻。加入些許東加豆粉。

加入剩餘的 220 克冷鮮奶油和酪梨，攪拌均勻。放入冰箱冷藏一晚。

當天

將酪梨奶油打發成香緹鮮奶油。

組裝和擺盤

在蛋白霜中間擠上圓頂狀的酪梨奶油。

用熱帶水果和薄荷葉裝飾。

您可以使用其他水果煮熱
紅酒：梨子、桃子⋯⋯

馬鞭草紅酒燉桃子

PÊCHES DE VIGNE
À LA VERVEINE

完成時間：**30 分鐘**
浸泡時間：**1 小時**

4 人份食材：
4 顆水蜜桃
40 厘升紅酒
10 顆方糖
1 把馬鞭草

在鍋中加入 1 升水，煮沸。

在桃子蒂頭處畫十字，浸入熱水 40 秒至 1 分鐘。取出後放入冰水中，用小刀剝皮。

在鍋中加入紅酒和糖，煮 10 分鐘，加入馬鞭草葉。離火，浸泡約 1 小時。

紅酒小滾後，輕輕地將桃子放入鍋中，煮熟後小心取出備用。

將紅酒煮至收汁，淋在桃子上。

放入冰箱，冷藏後享用。

燈籠果可以搭配冰淇淋或沾
巧克力醬享用。

燈籠果佐松樹糖漿

PHYSALIS AU SIROP DE PIN

完成時間：**10 分鐘**
浸泡時間：**24 小時**

4 人份食材：

1 升水
120 克松樹芽
20 顆燈籠果
100 克細砂糖
3 厘升落葉松醋
½ 顆檸檬汁
2 湯匙冷杉蜂蜜

前一天

將水煮沸，放入松樹芽。浸泡 24 小時。

當天

洗淨燈籠果。

瀝出松樹芽，在松樹水中加入糖、落葉松醋、燈籠果並煮沸。放入冰箱
冷藏。加入半顆檸檬汁和蜂蜜。

檸檬奶油沙布列夾心餅

SABLÉS COUCOU
AU LEMON CURD

完成時間：**25 分鐘**
烹調時間：**35 分鐘**
靜置時間：**30 分鐘**

6 人份食材：

沙布列（sablés）麵團
3 顆蛋
125 克軟化奶油
50 克細砂糖
1 顆檸檬皮
125 克 T55 麵粉
1 把黃水仙花蕊
1 至 2 厘升玫瑰水（自由取用）

檸檬醬（Lemon curd）
2 顆檸檬
125 克細砂糖
2 顆蛋
50 克奶油

烘烤和擺盤
1 茶匙糖粉
1 顆蛋黃
1 湯匙珍珠糖

沙布列麵團

滾水煮蛋 10 分鐘，冷卻後去殼。

將蛋白和蛋黃分開。蛋黃留著做麵團備用，保留蛋白做其他餐點（例如「惡魔蛋」oeufs mimosa）。

用抹刀將軟化奶油、糖、檸檬皮攪拌均勻，加入預先過篩的熟蛋黃（或用叉子絞碎）。

加入麵粉，揉至光滑，麵團質地柔軟。

保留幾顆黃水仙花蕊裝飾。將其他黃水仙花蕊切碎，加入麵團中，也可以再加入玫瑰水增加香氣。將麵團放入冰箱冷藏 30 分鐘。

檸檬醬

磨 2 顆檸檬皮，榨檸檬汁。

在鍋中加入攪拌在一起的檸檬汁、檸檬皮、糖、蛋、奶油塊，以小火煮 12 至 15 分鐘，直到質地厚實。倒出後，冷藏備用。

烘烤和擺盤

將烤箱預熱至攝氏 160 度。

將沙布列麵團桿成 5 毫米厚圓形，用圓形模具裁切後，放在鋪有烤紙的烤盤上。

將糖粉和蛋黃攪拌在一起，用刷子將甜蛋液刷在麵團上，用 2 朵黃水仙花和少許珍珠糖裝飾。

放入烤箱烤 15 至 20 分鐘，直到餅乾呈現金黃色。

組裝

在兩塊沙布列圓餅中間抹上檸檬醬，像馬卡龍一樣。

草莓聖多諾黑佐香車葉草

SAINT-HONORÉ AUX FRAISES À L'ASPÉRULE ODORANTE

完成時間：**1 小時**
烹調時間：**45 分鐘**
靜置時間：**12 小時**
浸泡時間：**15 分鐘**

4 人份食材：

香草輕奶油
285 克鮮奶油
25 克細砂糖
5 克乾燥香車葉草
½ 片吉利丁（1 克）

草莓卡士達醬
250 克新鮮草莓
50 克蛋
35 克細砂糖
20 克玉米澱粉（Maïzena®）
20 克奶油
100 克打發鮮奶油

泡芙
6.25 厘升鮮奶
6.25 厘升水
62.5 克奶油
2.5 克鹽
75 克 T55 麵粉
100 克蛋

酥皮（請參照「覆盆子千層派與覆盆子龍蒿雪酪」第314頁）
1 張直徑 16 公分的酥皮

擺盤
草莓、覆盆子、黑莓、櫻桃
（依據您的喜好來選擇）
新鮮香草、薄荷
香車葉草、花

前一天

香草輕奶油

在鍋中將 120 克鮮奶油、糖、乾燥香車葉草煮沸，浸泡 15 分鐘。將鮮奶油過篩，再次煮沸。

加入預先浸泡在冷水中且瀝乾的吉利丁片，攪拌均勻。加入剩餘的冷鮮奶油，再次攪拌。

在打發前放入冰箱冷藏一晚。

當天

草莓卡士達醬

在鍋中放入草莓以中火加熱，加入預先混合好的蛋黃、糖、玉米澱粉，攪拌至煮沸，繼續滾 2 分鐘。加入奶油，攪拌均勻後倒入碗中，冷藏備用。

泡芙

將烤箱預熱至攝氏 180 度。

在鍋中加入鮮奶、水、奶油、鹽，以小火加熱。

煮沸後，離火加入麵粉，攪拌均勻。

將鍋子放回爐子上，去除麵團水分。將麵團放入攪拌機中。

將蛋液分幾次加入麵團中攪拌，以得到需要的麵團質地。

將麵團放入圓形擠花嘴的擠花袋中，擠在塗油的烤盤上。

放入烤箱烤 35 分鐘。

完成草莓卡士達醬

用攪拌棒將冷卡士達醬攪拌至光滑，再用攪拌機打發。

倒入 10 毫米擠花嘴的擠花袋中。

組裝

將酥皮放在兩個烤盤中間，以攝氏 180 度烤 15 至 20 分鐘，再以 150 度烤 20 分鐘。倒扣直徑 16 公分碟子覆蓋在酥皮上，將酥皮裁切成此大小。

在泡芙中擠入草莓卡士達醬。

將泡芙沿著酥皮周圍擺放。

用攪拌棒打發香草輕奶油，倒入 10 毫米擠花嘴的擠花袋中，在酥皮中心擠滿香草輕奶油。

最後擺上草莓和當季新鮮水果，還可以放上幾朵鮮花和新鮮香草裝飾。

薰衣草水果沙拉

SALADE DE FRUITS
À L'AGASTACHE

完成時間：**20 分鐘**
浸泡時間：**7 分鐘**

4 人份食材：

薰衣草糖漿
25 厘升礦泉水
75 克細砂糖
5 克薰衣草

水果丁
2 顆桃子
3 顆杏桃
5 顆李子
2 顆油桃
2 顆奇異果
50 克草莓
30 克覆盆子
30 克紅醋栗
30 克黑醋栗
1 根大黃

裝飾
1 顆黃檸檬汁

薰衣草糖漿

在鍋中加入水和糖煮糖漿。離火，加入薰衣草，蓋上鍋蓋浸泡 7 分鐘。
瀝出糖漿，放入冰箱冷藏。

水果丁

洗淨所有水果。
將桃子、杏桃、李子、油桃、奇異果切丁。
草莓切 4 塊，覆盆子切兩塊。
大黃切段。

裝飾

將冷卻後的糖漿淋在水果上，加入檸檬汁防止水果氧化變黑。

奇異果塔

TARTE SABLÉE
AUX 2 KIWIS

完成時間：**1 小時 15 分鐘**
烹調時間：**30 分鐘**
麵團靜置時間：**2 小時**

6 至 8 人份食材：

杏仁甜麵團
180 克 T55 麵粉
65 克糖粉
25 克生杏仁粉
115 克奶油
1 顆蛋

綠檸檬內餡
50 克杏仁粉
50 克白奶酪
45 克糖粉
1 顆蛋
1 顆綠檸檬皮

奇異果
5 顆綠色奇異果
5 顆黃色奇異果

裝飾
當季食用花

杏仁甜麵團

在盆中加入麵粉、糖粉、杏仁粉、奶油塊。

用手將奶油塊揉碎，以獲得沙狀麵團。

加入蛋，將麵團揉至光滑。將麵團包上保鮮膜，放入冰箱至少 2 小時。

將烤箱預熱至攝氏 150 度。

將麵團桿成 2 至 3 毫米厚，放入直徑 20 公分的模具中。

放入烤箱烤 17 分鐘。

綠檸檬內餡

在碗中加入所有材料，攪拌均勻。

將內餡填入杏仁塔皮中，放入烤箱以攝氏 160 度烤 12 分鐘。

奇異果

將兩種奇異果切丁，放入碗中攪拌，讓兩種顏色的奇異果均勻分布。

保留幾片奇異果圓片裝飾。

組裝和擺盤

在塔皮上放入奇異果丁。

擺上奇異果圓片和當季食用花裝飾。

熱帶水果塔

TARTE SABLÉE
AUX FRUITS EXOTIQUES

完成時間：**1 小時 15 分鐘**
烹調時間：**20 至 25 分鐘**
靜置時間：**12 小時**

8 人份食材：

布列塔尼圓餅
135 克奶油
2 克鹽
120 克細砂糖
50 克蛋黃
180 克 T55 麵粉
8 克發泡粉

百香果卡士達醬
250 克全脂鮮奶
250 克新鮮百香果
1 根香草莢
2 顆蛋
70 克紅糖
40 克玉米澱粉

熱帶水果
½ 顆芒果
2 片鳳梨
1 顆奇異果
1 顆柳橙
¼ 顆火龍果
1 根香蕉

裝飾
鏡面果膠
香草

前一天

布列塔尼圓餅

在攪拌機中將奶油、鹽、糖攪拌均勻，加入蛋黃，再次攪拌。最後放入麵粉和酵母粉，攪拌均勻。放入冰箱冷藏一晚。

當天

將烤箱預熱至攝氏 170 度。

將麵團桿成 5 毫米厚，裁切成直徑 18 公分的圓形。

放入旋風烤箱烤以 170 度烤 12 至 15 分鐘。

百香果卡士達醬

在鍋中加入鮮奶、百香果汁、香草籽，以中火煮沸；加入預先攪拌好的蛋、紅糖、玉米澱粉，攪拌均勻。繼續滾 2 分鐘後，快速冷卻備用。

組裝和擺盤

將卡士達醬攪拌均勻，直到質地柔軟。倒入裝有圓形擠花嘴的擠花袋中。

在布列塔尼圓餅中擠上些許卡士達醬。

在上方和諧地擺入以不同方式切好的熱帶水果，淋上些許鏡面果膠讓表面光亮。

以香草裝飾。

梨子栗子舒芙蕾塔

TARTE SOUFFLÉE
CHÂTAIGNES AUX POIRES

完成時間：**1 小時**
烹調時間：**18 分鐘**
靜置時間：**2 小時**

6 人份食材：

杏仁甜麵團
180 克 T55 麵粉
65 克糖粉
25 克生杏仁粉
115 克奶油
1 顆蛋

川燙梨子
3 至 4 顆威廉斯梨（Williams）
1 升水
200 克細砂糖
½ 根香草莢
1 顆八角
1 根肉桂

舒芙蕾內餡
2 顆蛋
1 顆蛋黃
40 克細砂糖
120 克奶油
5 克蘭姆酒
200 克栗子醬

杏仁甜麵團

在盆中加入麵粉、糖粉、杏仁粉、奶油塊。

用手將奶油塊揉碎，以獲得沙狀麵團。

加入蛋，將麵團揉至光滑。將麵團包上保鮮膜，放入冰箱至少 2 小時。

將烤箱預熱至攝氏 160 度。

將麵團桿成 2 至 3 毫米厚，放入直徑 20-22 公分的模具中。

放入烤箱烤 15-18 分鐘。

川燙梨子

梨子削皮、去籽，切成兩半。留一顆完整梨子，從底部挖籽去心。

在鍋中加入水、糖、香料，煮糖漿。煮滾後放入梨子，小火煮 20 分鐘。

取出梨子，靜置冷卻。

舒芙蕾內餡

將蛋、蛋黃、糖打成輕慕斯。

以隔水加熱的方式將奶油、蘭姆酒、栗子醬加熱至攝氏 45 度，攪拌均勻。

將兩種備料輕柔地攪拌在一起，不要過度攪拌以致失去慕斯質地。

組裝和擺盤

在塔皮周圍放上對切的梨子，完整的梨子放中間。

用湯匙將舒芙蕾內餡填入塔皮中。

放入烤箱，以攝氏 180 度烤 20 分鐘。

常溫享用。

舒芙蕾內餡只有在剛出爐時會有蓬鬆柔軟的口感，您可以在梨子栗子舒芙蕾塔冷卻後重新加熱，會更容易切塊。

反烤香料榲桲塔

TATIN DE COINGS
AUX ÉPICES

完成時間：**1 小時 15 分鐘至**
1 小時 30 分鐘
烹調時間：**1 小時**
靜置時間：**14 小時**

6 至 8 人份食材：
酥皮
17.5 厘升水
7 克鹽
30 克細砂糖
390 克 T45 麵粉
60 克冷軟化奶油

250 克折疊用奶油

榲桲
8 顆熟榲桲
1 升水
200 克細砂糖
2 顆八角
1 根香草莢
50 克薑
100 克奶油

前一天

製作酥皮用的麵團。

在攪拌盆中放入水、鹽、糖，使其溶解。

加入麵粉和冷卻融化奶油。

攪拌至麵團光滑，將麵團平鋪在盤子上，蓋上保鮮膜，放入冰箱冷藏一晚。

當天

將麵團放在折疊用奶油中間。

將麵團桿成長方形，折疊兩次。放入冰箱 2 小時，取出麵團重複操作。

榲桲

將榲桲削皮，去籽，切成兩半。

在鍋中加入水、糖、香料、薑，煮糖漿。

放入榲桲煮 20 分鐘。如果可以輕易被叉子刺穿，就表示煮熟了。

組裝

將酥皮桿成 4 毫米厚，裁切成直徑 22 公分的圓形。

在海棉蛋糕模具的底部撒上細砂糖，放入榲桲，重疊擺放成花瓣的形狀。放上奶油塊，蓋上酥皮。

放入烤箱以攝氏 170 度烤 1 小時。取出烤箱，將反烤榲桲塔倒扣在盤子上。

稍微放涼後和打發鮮奶油或蘋果、梨子雪酪一起享用。

香料
ÉPICERIE

果醬

「果醬」一詞代表了我們的童年、一起享用早餐的晨間時光、課後的點心時間、蛋糕的美味……

果醬迷人的滋味讓我們在想起媽媽和奶奶時會心一笑。對我而言，童年就是帶著採藍莓的梳耙逃進大自然，連為了摘採野生黑莓而被劃破手指都是一種樂趣。

我最喜愛妻子 Michèle 用果凍和野生藍莓做的果醬，吃過的朋友都回味無窮！

如果您想做果醬的話，最好使用在清晨朝露過後或傍晚摘採的水果；避免使用在烈日下或雨中採收的水果。我一貫使用新鮮健康，無損壞的水果做果醬。煮果醬時，我選擇少量製作，以確保果醬的品質和質地；我一定會加入檸檬汁，藉由些許的酸味提升水果的滋味和活化凝膠的能力。

如果不希望果醬太甜，可以在攝氏 40 度的時候添加果膠（請參照「草莓醬」第 136 頁）。

基本概念

除了製作果醬的歡樂時光之外，這也是一種運用糖來保存水果的方法。因此，製作果醬時至少要加入 50% 的糖。由於水果含糖量不一，我們可以依照水果的甜度來決定糖的比例。您可以選擇細冰糖或有機紅糖。基本上，在製作果醬前會先浸泡水果，盡可能地保留水果的完整性或塊狀。

為了達到理想的果醬濃稠度，應以攝氏 105 度烹調；煮至黏稠是指果醬可以覆蓋在木湯匙上的程度，基本上可以此作為判斷的標準。而我們選用某些特定水果熬煮果醬時，則需要藉由添加果膠以確保良好的黏稠度。

製作果醬的器材

使用散熱良好的寬口銅盆；選擇不鏽鋼、瓷器、銅器的容器浸泡水果，可以避免水果氧化。您還需要一把可以撇去浮沫的撇渣器，一把攪拌的木湯匙，一支將果醬舀進罐子的湯杓。

當然還有一些小器具：秤子、溫度計、檸檬榨汁機、篩網、細濾網和濾布、用來包裹果核和香料等的平紋或格紋紗布。

最後還需要燙過的果醬罐、漏斗、蓋子和標籤。

材料

4 罐 250 克

1 公斤新鮮黑莓
600 克冰糖
50 克檸檬汁
3 克 HN 果膠

草莓醬
CONFITURE DE FRAISE

前一天

將去蒂頭的水果、500 克糖、檸檬汁浸泡一晚。

當天

將備料加熱至攝氏 40 度，加入預先和果膠混合在一起的 100 克糖，煮至 103-105 度。

用湯杓和漏斗將果醬裝入燙過的果醬罐中，蓋緊蓋子後倒放。

冰沙與奶昔
SMOOTHIES ET MILK-SHAKES

冰沙（smoothie）與奶昔（milk-shake）有何不同？

奶昔是經由將一種或多種水果加入鮮奶（植物奶）、鮮奶油或冰淇淋攪拌而成的飲品。

冰沙是由多種水果加入水、椰奶、植物奶或優格攪拌而成，是一種純粹的維他命雞尾酒。

兩者都是富含纖維、可抑制食慾的飲品，適量攝取有助於消化。我們通常會建議使用均質機（blender）製作滑順奶昔。無論冰砂或奶昔都是製作完後須立即享用的飲品，建議您可以在早餐或下午約 4 至 5 點享用。

如何製作？

4 人份食材：

4 根香蕉
5 顆奇異果
幾滴檸檬汁
些許薑粉
幾片葉薄荷

香蕉奇異果冰沙
SMOOTHIE BANANE-KIWI

將水果削皮，切塊。用均質機攪拌，加入幾滴檸檬汁、些許薑粉、幾片薄荷。加入冰塊讓冰沙有少許液體，質地不會太厚重導致吸管吸不起來。一起來補充維他命吧！

2 人份食材：

200 克紅莓果
2 湯匙紅糖
150 克自製優格
40 厘升鮮奶

紅莓果奶昔
MILK-SHAKE AUX FRUITS ROUGES

洗淨、瀝乾，並且挑選出最新鮮的水果。在均質機中加入水果和糖，如果需要可以加入少許水，攪拌均勻。倒入優格和鮮奶，再次攪拌均勻。將奶昔倒入大玻璃杯中。

您可以將優格換成植物奶（豆漿、米漿、杏仁、榛果），也可用蜂蜜代替糖。

雪酪
SORBETS

在炎熱夏日來臨時，品嚐充滿香氣、清涼消暑的雪酪是件令人十分享受的事！雪酪是由水、糖、水果果肉混合冰凍後的產品，基本上所有水果都可以製作雪酪，再根據水果的甜度調整糖的百分比。

雪酪（sorbet）這個字來自義大利文 sorbetto，它源自土耳其的 şerbet，是一種新鮮果汁。雪酪最少得有 3 種水果，成分有混合水果（果汁含糖量最少 25%）、水、糖。有些雪酪會加入蛋白讓口感滑順，專業的甜點店則會添加穩定劑、葡萄糖……

6 人份食材：

15 厘升礦泉水
200 克細砂糖
600 克新鮮或冷凍藍莓
½ 顆檸檬汁

藍莓雪酪
SORBET À LA MYRTILLE

在鍋中加入水和糖，大火煮 3 至 4 分鐘。

倒入碗中冷卻。

洗淨藍莓，瀝乾。

將藍莓、糖漿、檸檬汁，攪拌均勻；過濾（自由選擇）。

將備料倒入冰淇淋機，按表操作。雪酪製作好後，倒入密封罐中冷凍。

印度沾醬
CHUTNEYS

印度沾醬是由帶有香料味道的水果或蔬菜製作而成的酸甜醬，從印度殖民地進口，在英國廣為流行。印度沾醬（Chutneys）這個字是從 chatni 衍伸來的，在印度教中有「強烈的香料」之意。其食譜已經演變成由醋、鹽、香料，有時候也會加蒜製作而成。印度沾醬常被用來搭配鵝肝、法式凍派（terrine）、魚、肉，還有甜點。存放在罐子裡可置於冰箱保存 1 至 2 個月。

任何水果都能製作成印度沾醬並與其他食材搭配：鳳梨、芒果、無花果、櫻桃、草莓、蘋果、木梨、杏桃……

例如：

- 蘋果、芒果印度沾醬搭配貝類
- 無花果、榅桲印度沾醬搭配法式凍派
- 杏桃、核桃印度沾醬搭配肉類
- 鳳梨薑汁印度沾醬搭配鵝肝
- 覆盆子印度沾醬搭配野味
- 榅桲、梨子印度沾醬搭配乳酪

醃水果
PICKLES DE FRUITS

秋天是採收新鮮葡萄的季節：美味多汁又有脆口的果肉……使我有點想用來做成泡菜，像是醃酸黃瓜那樣。下面是一道簡單又快速的食譜，也可以用其他水果試試，例如櫻桃、甜瓜、硬實的草莓……

準備時間：**10 分鐘**
烹調時間：**3 分鐘**

食材：

1 串漂亮的麝香葡萄（120 克）
20 厘升白酒醋
20 厘升半乾白酒（vin blanc demi-sec）
160 克紅糖
2 顆丁香
1 顆八角茴香
1 根肉桂

醃草莓葡萄
PICKLES DE RAISINS FRAIS

葡萄洗淨、去籽，將果肉放入乾淨的罐子裡。

在鍋中加入醋、白酒、糖，以中火煮沸；加入所有調味料。煮好後倒入罐中，小心蓋上蓋子，放置冷卻。存放在陰涼處。

醃水果置於陰涼處可保存幾個月。一旦開蓋後，得存放在冰箱。

適合搭配味道溫和的料理一起享用。

水果粉
POUDRES DE FRUITS

沒有什麼比水果粉更能為甜點、乳酪、優格和其他鹹甜食增加風味了！

三道食譜：

- 最簡單的方式是將水果切塊後放入食物乾燥機或攝氏 50 至 60 度烤箱，讓水果脫水乾燥，再用攪拌機打成粉末。

- 另一種方式是將些許果泥和蛋白混合均勻後，平鋪在覆有烤紙的烤盤上，放入食物乾燥機烘乾，再用攪拌機打成粉末。

- 如果是柑橘皮、檸檬皮、柳橙皮……先以 1:1 的糖水比例煮糖漿，再將果皮放入煮沸，滾 2 至 3 分鐘後瀝出果皮。放入食物乾燥機烘乾，再用攪拌機打成粉末。

乳酪和水果
FROMAGES ET FRUITS
「完美組合」

在法國的美食地圖上，有眾多風土、風味的乳酪。

從山羊乳酪到牛乳酪，甚至是綿羊乳酪，質地和味道都不一樣，不過大多偏強烈。我們喜歡喝白酒搭配山羊乳酪，紅酒當然就得來塊藍紋乳酪。

水果和乳酪的搭配，如果不是對比就是平衡。我們可以從中發現驚人的滋味，例如：覆盆子和 Auvergne 藍紋乳酪，草莓和 Saint-Nectaire 乳酪，香甜脆口的葡萄和 comté 乳酪，梨子和 fourme d'Ambert 藍紋乳酪，櫻桃和 Pyrénées 綿羊乳酪。

照片中可以看到：無花果和牛軋糖乳酪放在一起，野生黑莓和 salers 乳酪放在一起，麝香葡萄和 sarassou 乳酪放在一起。

水果醋
VINAIGRES DE FRUITS

如何自製醋？

我們可以用水果自製醋：它所含的低醋酸可以替您的菜餚、醬料或甜點增添風味。

以酒或水果為基底做醋可以說是最簡單的方式了！它可以完美地為沙拉、淋肉醬汁，甚至是鵝肝增添香氣。

食材：
25 厘升白酒醋
150 克成熟覆盆子
½ 湯匙細砂糖

在鍋中倒入醋，以中火煮沸；在醋味煮沸前加入覆盆子，用叉子搗碎覆盆子，攪拌均勻。倒入罐中，在常溫中放涼靜置 8 日。蓋上蓋子。

第 8 日，以細濾網瀝出醋。

接者，倒入鍋中，加入糖，讓糖在冷卻中溶解。冷卻後，將醋倒入瓶中，蓋上蓋子，保存在陰涼處。

利口酒
LIQUEURS

食材：

1.2 公斤草莓
1 公斤細冰糖
1 根檸檬草
1 茶匙綠豆蔻
1.2 升白蘭地

草莓利口酒
LIQUEUR DE FRAISE MAISON

洗淨草莓，在玻璃或陶瓷容器中將草莓搗成粗粒；加入糖、檸檬草、綠豆蔻，攪拌均勻後倒入白蘭地。

倒入罐中，蓋上密封蓋，放置陰涼處浸泡一個月。

一個月後，用紗布瀝出全部利口酒，倒入瓶中，放置於陰暗處。

可冷藏後享用或用來浸潤餅乾。

糖漿
SIROPS

自製糖漿的做法相當簡單，您可以使用香草、鮮花、薄荷來增添香氣。

食材：

1.2 公斤草莓
500 克細砂糖
1.2 升礦泉水

草莓糖漿
SIROP DE FRAISE

將草莓洗淨，切塊；放入鍋中，加入糖、礦泉水，以小火煮沸 5 至 8 分鐘。放入冰箱冷藏一天。

一天後，瀝出糖漿，倒入鍋中煮至收汁，以獲得糖漿質地。

將糖漿倒入熱水燙過的瓶子，可保存幾個月。

水果酒
VINS DE FRUITS

您可以製作想要的水果酒（春天是理想的季節，因為有很多香氣芬芳的香草和食用花，例如：接骨木、金合歡、柑橘……），純手工家庭式水果酒是最好保存成熟水果的方法。如果您在花園或市場看到新鮮水果，就表示製作水果酒最佳時刻到來了。如同用葡萄製酒一樣，水果酒也是同樣的浸泡和發酵方式。

您可以使用紅莓果：草莓、覆盆子、藍莓，或白水果：桃子、李子、蘋果，甚至是果乾，例如核桃，來製作水果酒。挑選時，必須選擇成熟且多汁的水果，我們將以草莓為例，示範兩種製作水果酒（含酒精或無酒精）的方法：

作法 1
食材：

1.5 公斤成熟且芳香的草莓
75 厘升礦泉水
300 克細砂糖

無酒精草莓酒
VIN DE FRUITS SANS APPORT DE VIN

前一天

洗淨水果，搗成果泥，倒入乾淨的沙拉盆中；加入水，用布覆蓋沙拉盆，在常溫中靜置 24 小時。

當天

用細濾網瀝出果汁，加入糖，攪拌溶解。倒入罐中，蓋上密封蓋，在常溫中靜置發酵 10 日，瀝出後倒入瓶中，保存在陰涼通風地窖。

您可以添加香草，例如：薄荷、香蜂草，也可以選擇鮮花，例如：接骨、香車葉草，增添香氣。

作法 2
食材：

1 公斤草莓
2.5 升白酒
200 克細砂糖

含酒精草莓酒
VIN DE FRUITS AVEC APPORT DE VIN

前一天

在沙拉碗中加入草莓、白酒、糖，攪拌使糖溶解。將草莓搗碎，攪拌均勻，用布覆蓋沙拉盆，在常溫中靜置 24 小時。

當天

瀝出後倒入瓶中。

為了順利進行發酵，您可以添加酵母、酒石酸、單寧……

食材（75 厘升 12 瓶）：

90 顆綠核桃
10 升紅酒
2.5 公斤細砂糖
1 杯蘭姆酒
2 根香草莢

JACQUES 核桃酒
LE VIN DE NOIX DE JACQUES

在鄰近 6 月 24 日 Saint-Jean 節日期間摘採「綠色」核桃。

將核桃剖成兩瓣。

在罐中放入核桃，倒入預先攪拌均勻的糖、酒、蘭姆酒、香草籽。

在攝氏 8 至 15 度的地方靜置發酵 40 日。

使用細濾網（例如咖啡濾網）瀝出酒。

倒入瓶中，蓋上蓋子。

糖漬水果

糖漬水果

索引

食譜目錄 餐點類型

海鮮、肉類

食譜目錄 A à Z

食譜目錄 水果種類

參考書目

Chauvet Michel, *Encyclopédie des plantes alimentaires*, Belin, 2018.

Pelt Jean-Marie, *Des fruits. Petite encyclopédie gourmande*, J'ai lu, 2009.

Dupont Frédéric, Guignard Jean-Louis, *Botanique. Les familles de plantes*, Elsevier Masson, 2015.

Robuchon Joël (dir.), *Le Grand Larousse gastronomique*, Larousse, 2017.

Birlouez Éric, *Que mangeaient nos ancêtres ? De la Préhistoire à la Première Guerre mondiale*, Ouest France, 2019.

Ferrières Madeleine, *Nourritures canailles*, Points, 2010.

Gélinet Patrice, *2000 ans d'histoire gourmande*, Points, 2010.

致謝

視覺設計娜塔莉·南尼尼（Nathalie Nannini）與 La Martinière 出版社誠摯地感謝諸位陶藝家和餐桌設計師慷慨地出借餐具，協助我們完成美麗的照片拍攝：

Carron : www.carron.paris

Cebey, céramiques : www.cebeyceramics.com

Cécile Martin, céramiste : www.entreterres.fr

Élitis : www.elitis.fr

Fanny Guilvard, céramiste : www.ceramosaceramics.com

Inès Ciccone, céramiste : www.lartducabanon.com – Atelier rue Plan-de-Giraud, 83570 Cotignac

J. L. Coquet & Jaune de Chrome : www.jlcoquet.com

La Manufacture de Digoin : www.manufacturededigoin.com

Martine Mikaeloff, céramiste : www.mmceramique.com

Revol Porcelaine : www.revol1768.com

Rina Menardi, céramiste : www.rinamenardi.com

Serax : www.serax.com

很榮幸能夠再次與 Maisons Marcon 團隊攜手合作。
此次合作非常完美，在以雷吉斯為首、馬柯家族（Marcon）的細心接待以及娜塔莉（Nathalie）精巧細膩的設計下，我們得以完成這部博大精深的美味食譜。
謝謝大家。

菲利普·巴雷特（Philippe Barret）

非常感謝雷吉斯完成這部作品。
他和菲利普（Philippe）再次聯手，交出這本充滿創造力的食譜，並慷慨地與我們大家分享。
我要特別感謝米歇爾（Michèle）、雅克（Jacques）和他的團隊，是他們的邀請和細心協助使我得以完成這部作品。

娜塔莉·南尼尼（Nathalie Nannini）

誠摯地向雷吉斯·馬柯的成就與他的藝術造詣致上敬意，感謝他無私地致力於傳授高級法式料理，他是廚藝界的瑰寶。
同時也要感謝 La Martinière 團隊在此次編輯企劃中開啟的新冒險。

貝內迪克特·博爾托利（Bénédicte Bortoli）

我們感謝：

每一位家人、我們的孩子和孫子們帶給我們的鼓勵以及食譜發想的靈感，更要感謝米歇爾（Michèle）每年都替大家製作最好的野生水果醬。

所有曾直接或間接給予我們協助的廚師和甜點師：亞歷克西斯・吉拉爾（Alexis Girard）、黛安（Diane）、皮爾（Pierre）、克洛蒂爾德（Clothilde）、艾斯特爾（Estelle）、萊斯里（Leslie）、曼儂（Manon）、盧卡斯（Lucas）、克萊蒙（Clément）、雷吉斯（Régis）、巴納貝（Barnabé）、關奈爾（Gwenaël）……當然不能忘記歐若拉（Aurore）和茱莉（Julie），謝謝他們重新改編食譜。

我的朋友史帝芬・拉亞尼（Stéphane Layani），由其是文森・奧梅・德屈吉（Vincent Omer Decugis），謝謝他們在熱帶水果知識上提供的幫助。

也感謝我們在聖艾蒂安（Saint-Étienne）的市場商販亞伯特・湯瑪斯（Albert Thomas），以及伯舒家族（Bonjour）、比桑多家族（Bissardon）的幫忙。

來自埃里約河谷（Eyrieux）和隆河谷（Rhône）的商販、貝塞納城區（Bessenay）的櫻桃商販丹尼爾・穆尼耶先生（Daniel Mounier），還有我們在聖博內勒弗魯瓦最信任的蔬果商艾瑞克・契塔爾（Éric Chetail）先生，謝謝諸位供給我們最美麗豐盛的水果。

同時也要感謝提供極品柑橘（Agrumes Bachès）的艾蒂安（Étienne）和佩琳・沙勒（Perrine Schaller），以及赫威・羅茲（Hervé Lozie）供應的新鮮杏仁和納撒尼爾・茹厄（Nathanaël Jouhet）提供的覆盆子。

我們的攝影師勞倫斯・巴呂埃爾（Laurence Barruel）總是貼近自然地拍攝，帶給我們精彩的照片。

和我們帶著同樣熱情的攝影師朋友菲利普・巴雷特（Philippe Barret），我們合作超過 20 年了，相信我們的合作也帶給他很多愉悅的時光！

我們的設計師娜塔莉・南尼尼（Nathalie Nannini）與陶藝家密切開會，並且總在翻箱倒櫃之間尋找最美麗的碗盤來呈現我們的創作與餐點。
我們的雞尾酒專家維克多・德爾皮埃爾（Victor Delpierre）以及侍酒師羅蘭・布朗雄（Laurent Blanchon）和他的團隊開發出的原創雞尾酒。

謝謝茱莉・索羅（Julie Solo）大方地出借美麗的餐盤。

貝內迪克特・博爾托利（Bénédicte Bortoli）提供了每種水果的來源和建議的食用方式，我們非常感謝他讓我們了解這些美麗果實的起源和歷史，以及大自然的奧妙。
最後，我們要感謝勞爾・艾琳（Laure Aline）和 La Martinière 團隊，每本書都因他們的參與而變得如此特別。

雷吉斯與雅克・馬柯（Régis & Jacques Marcon）